国家重点建设冶金技术专业高等职业教学改革成果系列教材

烧结矿与球团矿生产实训指导书

主　编　宋永清　任淑萍

副主编　陈伍烈

U0315898

北　京

冶金工业出版社

2021

内 容 提 要

本教材为《烧结矿与球团矿生产》配套实训教材，依据课程标准和教学资源进行教学过程设计，主要介绍了九个项目的实训，包括烧结原料的准备处理操作、烧结配料、烧结料的混合、混合料烧结、烧结矿处理及质量评价、球团造球、球团矿质量的鉴定、竖炉焙烧操作、链箅机-回转窑操作，并阐述了烧结矿与球团矿中各个环节的工艺与操作，系统地介绍了各主要岗位的职责、操作程序与要求、常见事故的预防与处理以及设备的维护方式等内容。

本书可作为高职高专院校钢铁冶金技术专业的教材，也可作为钢铁企业职工的培训教材。

图书在版编目 (CIP) 数据

烧结矿与球团矿生产实训指导书/宋永清，任淑萍主编 . —北京：冶金工业出版社，2016.5（2021.11 重印）

国家重点建设冶金技术专业高等职业教学改革成果系列教材

ISBN 978-7-5024-7237-5

Ⅰ.①烧… Ⅱ.①宋… ②任… Ⅲ.①烧结矿—生产工艺—高等职业教育—教材 ②球团矿—生产工艺—高等职业教育—教材 Ⅳ.①TF046.6

中国版本图书馆 CIP 数据核字（2016）第 120303 号

烧结矿与球团矿生产实训指导书

出版发行 冶金工业出版社		**电 话** (010)64027926	
地 址 北京市东城区嵩祝院北巷 39 号		**邮 编** 100009	
网 址 www.mip1953.com		**电子信箱** service@ mip1953.com	

责任编辑 杜婷婷 美术编辑 彭子赫 版式设计 孙跃红
责任校对 李 娜 责任印制 李玉山
北京虎彩文化传播有限公司印刷
2016 年 5 月第 1 版，2021 年 11 月第 3 次印刷
787mm×1092mm 1/16；9.75 印张；234 千字；143 页
定价 29.00 元

投稿电话 (010)64027932 投稿信箱 tougao@cnmip.com.cn
营销中心电话 (010)64044283
冶金工业出版社天猫旗舰店 yjgycbs.tmall.com
（本书如有印装质量问题，本社营销中心负责退换）

编 写 委 员 会

主　任　谢赞忠

副主任　刘辉杰　李茂旺

委　员

江西冶金职业技术学院	谢赞忠	李茂旺	宋永清	阮红萍
	潘有崇	杨建华	张　洁	邓沪东
	龚令根	李宇剑	欧阳小缨	肖晓光
	任淑萍	罗莉萍	胡秋芳	朱润华
新钢技术中心	刘辉杰	侯　兴		
新钢烧结厂	陈伍烈	彭志强		
新钢第一炼铁厂	傅曙光	古勇合		
新钢第二炼铁厂	陈建华	伍　强		
新钢第一炼钢厂	付　军	邹建华		
新钢第二炼钢厂	罗仁辉	吕瑞国	张邹华	
冶金工业出版社	刘小峰	屈文焱		

顾　问　皮　霞　熊上东

前　言

自 2011 年起江西冶金职业技术学院启动钢铁冶金专业建设以来，先后开展了"国家中等职业教育改革发展示范学校建设计划"项目钢铁冶炼重点支持专业建设；中央财政支持"高等职业学校提升专业服务产业发展能力"项目冶金技术重点专业建设；省财政支持"重点建设江西省高等教育专业技能实训中心"项目现代钢铁生产实训中心建设，并开展了现代学徒试点。与新余钢铁集团有限公司人力资源处、技术中心以及下属 5 家二级单位进行有效合作。按照基于职业岗位工作过程的"岗位能力主导型"课程体系的要求，改革传统教学内容，实现"四结合"，即"教学内容与岗位能力""教室与实训场所""专职教师与兼职老师（师傅）""顶岗实习与工作岗位"结合，突出教学过程的实践性、开放性和职业性，实现学生校内学习与实际工作相一致。

按照钢铁冶炼生产工艺流程，对应烧结与球团生产、炼铁生产、炼钢生产、炉外精炼生产、连续铸钢生产各岗位在素质、知识、技能等方面的需求，按照贴近企业生产，突出技术应用，理论上适度、够用的原则，校企合作建设"烧结矿与球团矿生产""高炉炼铁""炼钢生产""炉外精炼""连续铸钢生产"5 门优质核心课程。

依据专业建设、课程建设成果我们编写了《烧结矿与球团矿生产》《高炉炼铁》《炼钢生产》《炉外精炼》《连续铸钢》以及相配套的实训指导书系列教材，适用于职业院校钢铁冶炼、冶金技术专业、企业员工培训使用，也可作为冶金企业钢铁冶炼各岗位技术人员、操作人员的参考书。

本系列教材以国家职业技能标准为依据，以学生的职业能力培养为核心，以职业岗位工作过程分析典型的工作任务，设计学习情境。以工作过程为导向，设计学习单元，突出岗位工作要求，每个学习情境的教学过程都是一个完整的工作过程，结束了一个学习情境即是完成了一个工作项目。通过完成所有项目（学习情境）的学习，学生即可达到钢铁冶炼各岗位对技能的要求。

本系列教材由宋永清设计课程框架。在编写过程中得到江西冶金职业技术学院领导和新余钢铁集团有限公司领导的大力支持，新余钢铁集团人力资源处组织其技术中心以及5家生产单位的工程技术人员、生产骨干参与编写工作并提供大量生产技术资料，在此对他们的支持表示衷心感谢！

由于编者水平所限，书中不足之处，敬请读者批评指正。

江西冶金职业技术学院教务处　宋永清

2016 年 2 月

实 训 指 导

一、实训的目的与特点

生产实训是钢铁冶金技术专业方向的主干专业实践教学课程，属于专业理论知识与实际工厂设备技术应用及管理环节实际技能训练与提高的实践环节。通过学习使学生掌握钢铁冶炼操作的基本理论知识，与此同时下厂进行具体的岗位实习操作，将所掌握的理论知识与实践结合起来，初步具备分析问题和解决实际问题的能力，为以后从事专业工作打好坚实的基础。本课程将向学生传授并使之感受和体验现代设备系统工程中设备技术应用和设备管理的理念、实际状况及工作原理，动手参与相关设备设计、制造、维修活动及管理过程等。

通过专业实训项目的学习，学生应当理解并掌握本专业在实际工作中涉及的知识、学科领域及其理论和重要理念，了解本专业所涉及的技术、经济、管理知识与技能方法在实际工程中的应用，了解本专业在工厂实际生产中的具体工作内容及基本环节。通过各工作环节的感受，学生能为学习专业理论课程，为今后成为既懂专业技术又会管理的复合型工程技术人才打下较好的基础。

针对高职钢铁冶金技术专业特点，实训课程具有以下特色：

（1）以企业真实的工作任务和职业能力要求的技能为基础，设置学习性工作任务。

（2）打破传统的理论与实践教学分割的体系，理论知识贯穿在实操技能的学习过程中，实现"理实一体化"。

（3）从高等职业教育的性质、特点、任务出发，以职业能力培养为重点，依据国家制定的职业技能鉴定标准中的职业能力特征、工作要求以及鉴定考评项目等，以工作内容和工作过程为导向进行课程建设。

（4）课程内容引进企业实际案例和选用实际生产项目，充分体现职业岗位和职业能力培养的要求；课程实施理论与实践交互式教学，通过建立校内外实训基地，将钢铁生产企业的真实工作项目引入教学环节，把课堂逐渐推向企业的工作现场，使课程能力实现向社会服务的转化，充分体现课程的职业性、实践性和开放性。

二、实训的内容与要求

（1）收集认识实训所在工厂的安全生产要求及安全注意事项，实训期间应遵守所在实训单位的各种规章制度，服从带队指导老师和单位有关人员的领导，严格遵守工厂的《安全操作规程》。

（2）服从车间领导的安排，尊重工人师傅，勤学好问，虚心求教。

（3）收集实训所在工厂的主要生产产品、生产工艺流程、主要的生产设备结构及工作原理等相关资料。

（4）收集认识企业生产管理体系的架构、内容、要求。

（5）在班组实习期间，收集、记录、认识班组在设备维护管理中的具体内容、事项、要求，参与班组的相关工作，提高学生的动手能力和实训现场分析问题、解决问题的能力；建立和提高学生参与管理的意识，认识和体会生产及管理过程中的具体环节与问题；观察学习技术人员及工人师傅分析问题的方法和经验。

（6）结合自己已经学习到的知识，分析讨论所在实习工厂中发现的问题或不清楚的环节，甚至提出自己的意见和建议。

（7）听取所在实习单位为学生举行的就业择业、先进技术、设备维护及生产管理等方面的专题报告。

（8）每天编写实习记录，必要时在小组内或小组间开展实习心得与问题讨论。

三、实习报告的写法及基本要求

1. 实习报告的写法

实习报告一般由标题和正文两部分组成。标题可以采取规范化的标题格式，基本格式为"关于××的实习报告"；正文一般分前言、主体和结尾三部分。

（1）前言：主要描述本次实习的目的意义、大纲的要求及接受实习任务等情况。

（2）主体：实习报告最主要的部分，详述实习的基本情况，包括项目、内容、安排、组织、做法，以及分析通过实习经历了哪些环节，接受了哪些实践锻炼，搜集到哪些资料，并从中得出一些具体认识、观点和基本结论。

（3）结尾：可写出自己的收获、感受、体会和建议，也可就发现的问题提出解决的方法、对策；或总结全文的主要观点，进一步深化主题；或提出问题，引发人们的进一步思考；或展望前景，发出鼓舞和号召等。

2. 实习报告的要求

（1）按照大纲要求在规定的时间完成实习报告，报告内容必须真实，不得抄袭。学生应结合自己所在工作岗位的工作实际写出本行业及本专业（或课程）有关的实习报告。

（2）校外实习报告字数要求：每周不少于 1000 字，累计实习 3 周及以上的不少于3000 字。用 A4 纸书写或打印（正文使用小四号宋体、1.5 倍行距，排版以美观整洁为准）。

（3）实习报告撰写过程中需接受指导教师的指导，学生应在实习结束之前将成稿交实习指导教师。

3. 实习考核的主要内容

（1）平时表现：实习出勤和实习纪律的遵守情况；实习现场的表现和实习笔记的记录情况、笔记的完整性。

（2）实习报告：实习报告的完整性和准确性；实习的收获和体会。

（3）答辩：在生产现场随机口试；实习结束时抽题口试。

目　录

烧结矿生产

球团矿生产

烧结矿生产

烧结就是将各种粉状含铁原料，按要求配入一定数量的燃料和熔剂，均匀混合制粒后布到烧结设备上点火烧结，在燃料燃烧产生高温和一系列物理化学反应作用下，混合料中部分易熔物质发生软化、熔化，产生一定数量的液相，液相物质润湿其他未熔化的矿石颗粒；随着温度的降低，液相物质将矿粉颗粒黏结成块。这个过程称为烧结，所得的多孔块状体叫烧结矿。

一、烧结的目的和意义

高炉冶炼过程中，为了保证料柱的透气性良好，要求炉料粒度均匀，粉末少，机械强度高。为了降低高炉焦比，要求炉料含铁品位高，有害杂质少，且具有自熔性和良好的还原性能。采用烧结方法后，能满足高炉冶炼的要求。

贫矿经过选矿后所得到的细粒精矿，天然富矿在开采过程中和破碎分级过程中所产生的粉矿，都必须经过烧结成块后才能进入高炉。含碳酸盐和结晶水较多的矿石，经过破碎烧结后，可以除去挥发分而使铁富集。某些难还原的矿石，或还原期间容易破碎或膨胀的矿石，经过烧结可以变成还原性良好的热稳定性高的炉料。

铁矿石中的某些有害元素，如硫、氟、钾、钠、铅、锌、砷等，大部分都可以在烧结过程中去除或回收利用。通过烧结过程，可以利用工业生产中的副产品，如高炉炉尘、转炉炉尘、轧钢皮、硫酸渣等，使其变废为宝，合理利用资源，降低生产成本，并可净化环境。

生产实践证明，高炉使用烧结矿之后，高炉冶炼可以达到高产、优质、低耗、长寿的目的。

二、烧结方法

烧结方法根据使用的烧结设备和供风方式的不同，大致可分为如图 I-1 所示的各种方法。

现采用带式抽风烧结机烧结，因为它的生产率高、原料使用性强、机械化程度高、劳动条件好，并且便于大型化、见效快、易掌握、可就地取材等优点，一些中小型企业采用这种方法，但生产率低、劳动条件差。

三、烧结生产工艺流程

烧结生产工艺流程一般由烧结原料的准备、配料、混合料制备、烧结作业和烧结产品处理等环节组成。根据对烧结产品处理方式的不同，又可分为热矿流程和冷矿流程，普遍采用的是冷矿流程。烧结生产工艺流程如图 I-2 所示。

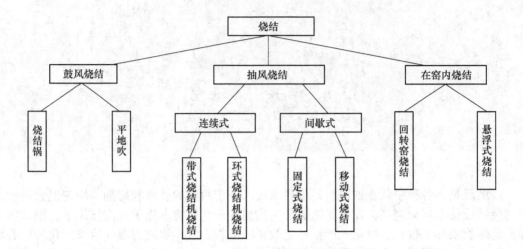

图 I -1　烧结方法分类

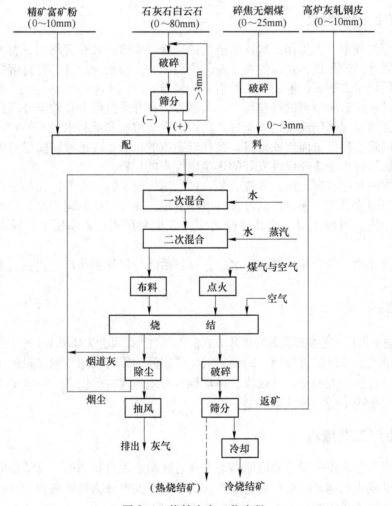

图 I -2　烧结生产工艺流程

　　抽风烧结生产程序是将经过必要处理（破碎、混匀和预配料）的烧结原料（包括燃料、熔剂及含铁原料）运至配料室，按一定比例进行配料，然后再配入一部分返矿，并送到混合机进行加水润湿、混匀和制粒，得到可以烧结的混合料。混合料由布料器铺到烧结台车上进行点火烧结。烧结过程是靠抽风机从上向下抽进的空气，燃烧混合料层中的燃料，自上而下，不断进行。烧结中产生的废气经除尘器除尘后，由风机抽入烟囱，排入大气。烧成的烧结矿，经单辊破碎机破碎后筛分，筛上物为成品热烧结矿送往高炉，筛下物为返矿，返矿配入混合料重新烧结。在生产冷烧结矿的流程中，经破碎筛分后的热烧结矿再经冷却机冷却，通过二次筛分筛去粉末即得到冷的成品烧结矿。

实训项目 1　烧结原料的准备处理操作

实训目的与要求:

(1) 知道烧结厂原料接受、质量验收相关注意事项;

(2) 能进行原料接受的主要设备操作,以及受料后的贮存、混料中和相关操作。

考核内容:

(1) 原料的验收注意事项;

(2) 原料接受设备的操作步骤、异常处理及注意事项;

(3) 原料的贮存方式、中和及具体操作;

(4) 原料的破碎、筛分处理及判断、分析常见的异常情况,并能正确的处置。

实训内容:

(1) 原料场系统生产工艺流程;

(2) 卸料、堆料和取料、破碎和筛分设备的性能、结构、工作原理和操作规程;

(3) 判断、分析主要操作系统常见异常情况,并能正确的处置。

1.1　基本理论

1.1.1　烧结原料及其要求

烧结生产所使用的原料是多种多样的,主要是含铁矿粉,如有富矿粉、精矿粉;燃料有无烟煤粉或焦粉;熔剂有石灰石、白云石、生白灰或消石灰;还有高炉灰、轧钢皮、转炉炉尘、硫酸渣等各种附加原料。对原燃料的要求是:

(1) 铁矿粉是烧结的主要原料,其物理和化学性质对烧结矿质量影响最大。一般要求品位高,成分稳定,杂质少,矿粉粒度要控制在 8~10mm 以下。对于生产高碱度烧结矿和烧结高硫矿粉,矿粉粒度应不大于 6~8mm。

(2) 对熔剂的要求是有效 CaO 高,杂质少,成分稳定,粒度应小于 3mm。烧结细精矿时,石灰石粒度可减小到 2mm。使用生石灰或消石灰时,粒度一般控制在 5mm 和 3mm 以下,以利于加水消化与混匀。

(3) 对燃料要求其固定碳含量高,灰分低,挥发分低,硫分低,成分稳定,焦粉粒度小于 3mm。此外,其他添加料,一般要求无夹杂物,粒度小于 10mm。

1.1.2 烧结原料的准备

原料是烧结生产的基础，为保证烧结过程顺利进行，实现计算机控制，获得优质高产的烧结矿，必须精心备料，使烧结用料供应充足，成分稳定，粒度适宜。为此，要做好原料的接受、贮存、中和混匀、破碎、筛分等各项准备工作。

通过不同运输方式进入烧结厂的原料，都应严格其检查验收制度。进厂原料一律按有关规定、合同进行验收，如来料的品种、品名、产地、数量、理化性能等。只有验收合格的原料才能入厂和卸料，并按固定位置、按品种分堆分仓存放，严格防止原料混堆，不许夹带大块杂物。

烧结厂使用的原料数量大、品种多，理化性质差异大，进料不均衡。因此，为了保证烧结生产连续稳定进行，应贮存足够数量的原料并进行必要的中和。外运来的各种原料通常可存放在烧结厂设置的原料场或原料仓库。烧结厂设置原料场，原料场的大小根据其生产规模、原料基地的远近、运输条件及原料种类等因素决定，一般应保证 1~3 个月的原料贮备。同时，应加强原料的中和混匀，使配料用的各种原料，特别是矿粉化学成分的波动应尽量缩小。

中和作业可在原料场和原料仓库进行，一般采用的是平铺直取法。在原料仓库中和时，通常是借助于移动漏矿皮带车和桥式起重机抓斗，将来料在指定地段逐层铺放，当铺到一定高度后，再用抓斗自上而下垂直取料来完成。中和效果将随着中和次数的增多而改善。

加强原料准备工作，在原料堆存混匀料场内，应拥有各种堆存混匀设备。一般都采用装卸、造堆、混匀、截取的联合装置，机械化程度高，将粉矿含铁量波动控制在 ±0.5%。

烧结原料粒度对烧结过程和烧结矿产量、质量均有很大影响，因此，还应做好粒度的准备工作。烧结原料破碎及筛分工艺流程如图 1-1 所示。通常铁矿粉直接来自选矿厂或矿山，不需烧结厂加工处理。

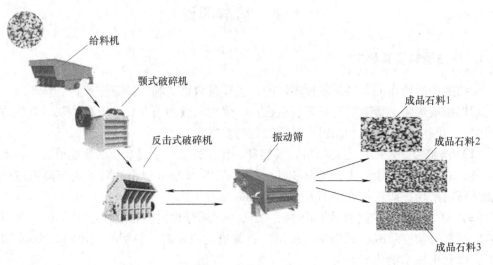

图 1-1　破碎及筛分工艺流程图

入厂的石灰石、白云石粒度上限大于 40mm（烧结生产要求小于 3mm 的占 90% 以上），在烧结厂内需要进行破碎、筛分。一般多采用一段破碎与检查筛分组成的闭路流程破碎熔剂。常用的破碎设备有锤式破碎机和反击式破碎机。

燃料的破碎流程是根据进厂燃料粒度和性质来确定的。燃料入厂粒度小于 25mm 时，可采用一段四辊破碎机开路破碎流程。破碎后粒度可满足生产要求。如果入厂粒度大于 25mm 时，一般采用先经过一段粗破碎，再经四辊破碎机破碎的两段开路破碎流程。我国烧结用煤或焦粉的来料都含有相当高的水分（>10%），采用筛分作业时，筛孔易堵，降低筛分效率。因此，固体燃料破碎多不设筛分。

1.2　主要设备

1.2.1　卸车设备

1.2.1.1　翻车机

翻车机卸车线是高效低耗具有机械化、自动化的一种大型卸车作业的专用设备，可翻卸铁路敞车所装载的散粒物料，广泛应用于火力发电厂、港口、冶金、煤炭焦化等大型现代化企业。

翻车机系统由翻车机、拨车机及其轨道装置、推车机及其轨道装置、迁车台、夹轮器、逆止器、洒水除尘装置等组成。翻车机类型有侧倾式翻车机（如图 1-2 所示）和转子式翻车机两种。

1.2.1.2　桥式抓斗机

桥式抓斗机主要由箱形桥架、抓斗小车、大车运行机构、司机室和电气控制系统组成。取物装置为能抓取散装物料的抓斗，如图 1-3 所示。

图 1-2　侧倾式翻车机

图 1-3　桥式抓斗机

桥式抓斗机有开闭机构和起升机构，抓斗以四根钢丝绳分别悬挂在开闭机构和起升机构上。开闭机构驱动抓斗闭合，抓取物料，当斗口闭合后，立即开动起升机构，使四根钢丝绳平均受载进行起升工作。卸料时只开动开闭机构，斗口随即张开，倾斜物料。

1.2.1.3　螺旋卸车机

螺旋卸车机主要应用于散装货物的快速卸车，减少车辆滞留时间。螺旋卸车机主要由大车行走机构、螺旋起升机构、螺旋旋转机构、电气控制系统及钢结构组成，具有跨双道线卸车的能力，如图1-4所示。

图1-4　螺旋卸车机

1.2.1.4　堆取料机

利用斗轮连续取料，用机上的带式输送机连续堆料的有轨式装卸机械。斗轮堆取料机的作业有很强的规律性，有堆料和取料两种作业方式。堆料由带式输送机运来的散料经尾车卸至臂架上的带式输送机，从臂架前端抛卸至料场。通过整机的运行，臂架的回转、俯仰可使料堆形成梯形断面的整齐形状。取料是通过臂架回转和斗轮旋转连续实现的。物料经卸料板卸至反向运行的臂架带式输送机上，再经机器中心处下面的漏斗卸至料场带式输送机运走。通过整机的运行，臂架的回转、俯仰，可使斗轮将储料堆的物料取尽。

臂架型斗轮堆取料机由斗轮机构、回转机构、带式输送机、尾车、俯仰与运行机构组成，如图1-5所示。

1.2.2　破碎设备

破碎是原料准备与处理工作中的一个基本环节，它的目的是控制原料的粒度，使粒度达到高炉冶炼的要求。

1.2.2.1　颚式破碎机

颚式破碎机主要用于铁矿石的破碎。其最大的给矿粒度为1000mm，它是一种间断工作的破碎机械，其结构如图1-6所示。

颚式破碎机的规格是用给矿口宽度（B）和长度（L）来表示。如900mm×1200mm颚式破碎机即表示给矿口宽度为900mm，长度为1200mm。根据给矿口宽度的大小，颚式

图 1-5　堆取料机

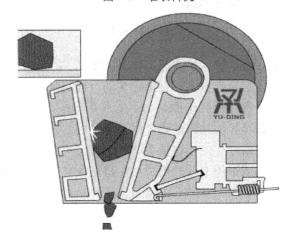

图 1-6　颚式破碎机

破碎机又分为大、中、小型三种。给矿口宽度大于 600mm 的为大型；给矿口宽度在 300 ~ 600mm 的为中型；宽度小于 300mm 的为小型。

颚式破碎机主要由固定颚板与可动颚板组成。可动颚板悬挂在偏心轴上，并围绕偏心轴对固定颚板作用周期性的往复摆动。通过传动装置，可动颚板靠近固定颚板时，矿石受到挤压、劈裂和折断的联合作用而破碎。可动颚板离开固定颚板时排矿口增大，已破碎的矿石在重力作用下排出。

颚式破碎机长期工作时，定颚与动颚上的破碎齿板不断磨损，排矿口逐渐增大，使产品粒度逐渐变粗，为了保证破碎产品的粒度要求，必须定期地调整排矿口的大小。颚式破碎机多用于铁矿石的粗碎和中碎，中小型烧结厂整粒时也有用颚式破碎机的。其设备的优点是结构简单，工作可靠，容易制造，操作与维护方便。缺点主要是间歇性作业设备的台时生产能力小，产量低，且振动大和不适合于破碎片状和板状物料。

1.2.2.2　旋回式圆锥破碎机

旋回式圆锥破碎机多用于铁矿石的粗碎作业，最大给矿粒度为 1000mm，是一种连续工作的破碎机械，如图 1-7 所示。

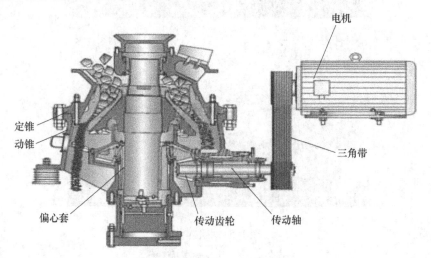

图 1-7　旋回式圆锥破碎机

旋回式圆锥破碎机由活动圆锥（破碎锥）和固定圆锥两个截头圆锥体组成。活动圆锥的主轴悬挂在横梁上面的固定悬挂点上，在下部传动机构的带动下，其锥头绕主轴作连续的偏心旋回运动。当活动圆锥靠近固定圆锥时，处于两锥体之间的矿石，主要受到挤压、折断和磨剥的联合作用而破碎。活动圆锥离开固定圆锥后，破碎产品由排矿口排出。排矿侧与破碎侧随圆锥旋回移动始终保持相对呈 180°角，破碎与排矿同时进行。破碎过程是一种连续作业的过程。固定式圆锥用上部的最大给矿口宽度和排矿口的宽度来表示。如旋回圆锥破碎机规格为 1200/180，即最大给矿口宽度为 1200mm，排矿口宽度为 180mm。

旋回式圆锥破碎机与大型颚式破碎机都是铁矿石的粗碎设备。颚式破碎机是由重板给矿机均匀给矿进行破碎的，而旋回式圆锥破碎机给矿不用重板给矿机，由运矿火车直接翻车给入即可进行破碎。圆锥破碎机与颚式破碎机比较，圆锥破碎机的主要优点是工作较平稳，设备振动较轻，连续作业产量较高，同时能量消耗少；产品外形比较整齐，且产生的粉矿较少；缺点是圆锥破碎机结构复杂，不便维修，设备本身的高度和重量大，而且排矿口调整比较麻烦。

1.2.2.3　短锥式破碎机

短锥式破碎机一般用于铁矿石的中碎和细碎作业。短锥式破碎机的工作原理如图 1-8 所示。它与旋回式圆锥破碎机相同，但结构上有些区别。主要是旋回式圆锥破碎机的圆锥

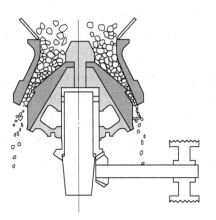

图 1-8　短锥式破碎机

是急倾斜的，破碎锥体动锥是正立的，而固定锥体定锥为倒立的截头圆锥。这主要是为了适应给矿块度的需要，破碎的工作区在倒立的定锥与正立的动锥之间。而短锥式破碎机的圆锥形状是缓倾斜的，固定锥体与活动锥体都是正立的截头圆锥，这是为了满足控制排矿粒度的要求，矿石的破碎在两锥体平行的破碎腔内进行的。旋回式圆锥破碎机的破碎锥体悬挂在横梁上，采用的是干式防尘装置；而短锥式破碎机的破碎锥体则是支承在底座上的球面轴承上，且采用水封式防尘装置。短锥式破碎机的保险装置是机壳外的弹簧机构。当破碎机内进入铁块等较硬的非破碎物时，弹簧被拉长，固定锥体与活动锥体之间的破碎腔变宽，排出铁块等混入物，保护设备避免主要部件损坏。

短锥式破碎机的规格用破碎锥体底部直径表示，如 $\phi2200$ 表示破碎锥体底部直径为 2200mm。短锥式破碎机具有生产能力大，功率消耗低，破碎工作区粉尘少，环境好等优点。

1.2.2.4　辊式破碎机

辊式破碎机的工作原理如图 1-9 所示。物料在两个相对反向转动的圆辊之间受挤压、磨剥而破碎。辊式破碎机按转辊数目分为单辊、对辊和四辊破碎机等。单辊破碎机多用于破碎烧结矿，对辊和四辊破碎机用于破碎焦炭及无烟煤等。

剪切式单辊破碎机主要由星辊、轴辊、轴套、水管、固定算板及传动减速机构组成，如图 1-10 所示。算板是固定的，设在破碎机的下面，星辊在算板条之间的间隙内转动。破碎齿冠由耐热耐磨材料堆焊或镶块而成。

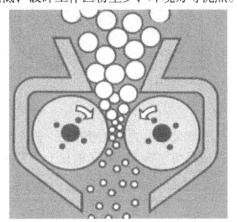

图 1-9　辊式破碎机的工作原理

剪切式单辊破碎机是借助转动的星辊与侧下方的算板形成剪切作用将热烧结矿破碎。设备的规格用星辊的直径和长度来表示，如 $\phi1400 \times 2600$ 表示单辊破碎星辊直径为 1400mm，长度为 2600mm。破碎机破碎粒度均匀粉矿少，结构简单，生产效率高。其主要磨损件为星辊的齿冠，算板的衬板更换方便，主轴采用中空通水冷却，减轻烧结矿的高温对设备的不利影响。

四辊破碎机结构如图 1-11 所示。它由两对反向转动的光面辊组成，上下两对辊中各有一个主动辊和一个被动辊，被动辊的轴座可以移动，借调节丝杠来调整两辊间隙尺寸。一般上面两辊间隙为 8～12mm，下面两辊间隙小于 3mm。机架上装有走刀机构用来车削四辊辊皮。破碎原理是物料在两个相对反向转动的期间受挤压、磨剥而破碎。

图 1-10　剪切式单辊破碎机

四辊破碎机广泛用于烧结厂破碎燃料，在燃料粒度小于 25mm 时，能一次破碎到小于 3mm，不需筛分，破碎系统简单。四辊破碎机生产能力受给料粒度影响较大，粒度越大产量越低，燃料粒度大于 25mm 不能进入破碎机破碎。

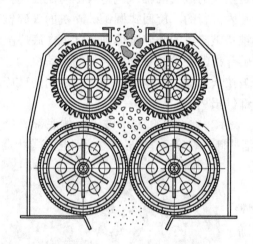

图 1-11　四辊破碎机

四辊破碎机的规格用辊子的直径和长度来表示，如常用 900×700 四辊破碎机，是指辊子直径为 900mm，辊子的长度为 700mm，其技术规格见表 1-1。

表 1-1　四辊破碎机技术规格

规格	给料粒度 /mm	排料粒度 /mm	产量 /t·h^{-1}	转速 /r·min^{-1}	电 动 机	
					型号	功率/kW
4PGφ900×700	<40～100	2～10	16～18	上辊　104 下辊　189	上 JO83-12/6 下 JO82-6	125/20 28
φ750×500	<30	2～4	5.5～12	上辊　118 下辊　216	上 JO82-12/6 下 JO$_2$71-6	14 7

操作时应沿辊子长度均匀给料，保证辊皮均匀磨损，辊皮磨损后要即时车削。严防金

属及杂物进入破碎机。四辊破碎机设备简单，操作维护方便，同时可以进行开路破碎，简化破碎流程，而且产品无过粉现象；其缺点是破碎比较小，产量较低，生产能力受物料进度影响大，辊皮磨损不均匀等。

1.2.2.5　冲击式破碎机

冲击式破碎机种类很多，常用的有鼠笼式破碎机、锤式破碎机和反击式破碎机。目前烧结厂石灰石和白云石的破碎广泛使用锤式破碎机。其最大给矿粒度可达80mm，破碎比为10~15，小于80mm的石灰石可以直接破碎至3mm以下。

锤式破碎机由镶有衬板的机罩、迎料板、算条和转子等部分组成。转子又由轴和固定在轴上的圆盘以及铰链在圆盘上的锤头三者构成。锤头的材质可采用锰钢或淬火的45号钢。迎料板和算条位置是可调的。锤式破碎机主要靠锤子的锤击来破碎矿石。矿石给入破碎机中首先受到高速回转的锤头冲击而破碎，破碎后的物料从锤头处获得动能，以高速向机壳内壁破碎板和算条冲击，受到二次破碎。小于算条缝隙的矿石即从缝隙中排出，而较大的矿块在破碎板和算条上还将受到锤子的冲击或研磨而破碎，在破碎过程中也有矿石之间的冲击破碎。

锤式破碎机优点是：破碎比大，生产效率高，单位产品耗电量小；结构简单紧凑和操作维护容易。其缺点是工作部分易磨损，算条易堵塞（特别是水分含量较高时），破碎过程粉尘大和噪声大等。

反击式破碎机是一种高效破碎设备，破碎机由机壳、转子和反击板组成。如图1-12所示，物料被转子上的板锤冲击，在转子和反击板之间反复碰撞（包括物料间的碰撞）而破碎。其结构简单，生产效率高，破碎比大，耗电量少，烧结厂在熔剂的破碎时可选用这种设备。

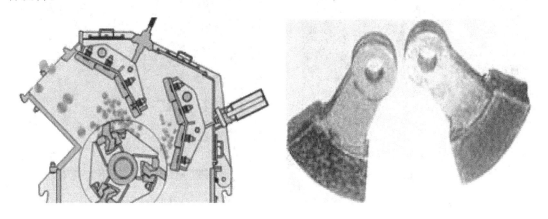

图1-12　反击式破碎机

1.2.3　筛分设备

烧结、球团厂原料和产品经破碎后一般需要进行筛分作业。与破碎设备组成闭路系统所用的筛子多为自定中心振动筛，也有的采用惯性筛、胶辊筛、共振筛。常用的筛分设备有以下几种。

1.2.3.1　固定筛

固定筛由筛框和一组平行排列的钢制筛板构成，位置固定不动，筛子与水平呈 35°~ 75°倾角，角度的大小由筛分物料的性质而定。固定筛多用于大块物料的粗筛。目前我国有些烧结厂仍使用固定筛在烧结机尾筛分烧结矿，使成品与返矿分开，筛缝一般为 18~25mm。

固定筛的优点是坚固、简单、投资少，而且不用传动设备和动力。缺点是筛分效率低（60%~70%），如筛分烧结矿时，在成品中夹杂有大量粉末，筛下矿中含有一定数量大颗粒烧结矿；条筛易堵塞，设备占地面积和净空高度都大。

1.2.3.2　圆筒筛

圆筒筛是金属丝织成筛网或用穿孔的钢板做成圆筒形或圆锥形的筛子，如图 1-13 所示。用圆筒筛筛分矿石时，通常将矿石按粒度分成几级，因此筛网也分成几部分，筛孔最小的一段在给矿端，筛孔最大的一段在排矿端。圆筒筛构造简单，易于管理，并且振动较小，但是生产量小，筛分效率只有 40%~60%，在筛分过程中并有磨碎作用。

1.2.3.3　振动筛

振动筛是工业上使用最广泛的筛子，多用于筛分细碎物料。它利用筛网的振动来进行筛分，如图 1-14 所示。筛网振动的次数为 900~1500 次/min，也有达到 3000 次/min 的。振幅的范围在 0.5~12mm，振幅越小，振动次数越多。筛子的倾斜角在 0°~40°之间。

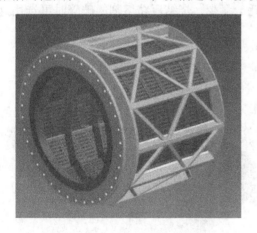

图 1-13　圆筒筛　　　　　　　　　　　图 1-14　振动筛

振动筛筛分效率高（一般是 80%~95%），筛分原料粒度的范围大（从大于 250mm 到 0.1mm 或 0.01mm），单位面积产量大，易于调整，筛孔较少堵塞。这种筛子需要专门的传动设备且消耗动力。

最常用的振动筛有偏心振动筛、惯性振动筛和自定中心振动筛等。

A　偏心振动筛

偏心振动筛结构如图 1-15（a）所示。筛箱两端支承在弹簧上，中部支承在偏心轴

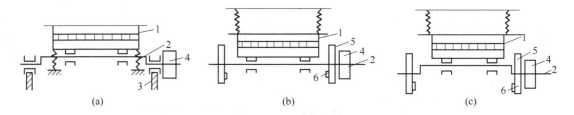

图 1-15 各种振动筛工作示意图
（a）偏心振动筛；（b）惯性振动筛；（c）自定中心振动筛
1—筛箱；2—轴；3—固定框架；4—皮带轮；5—飞轮；6—飞轮配重

上，偏心轴安装在固定框架上。依靠偏心轴的旋转使筛子产生振动。偏心振动筛工作时产生强烈的振动，对机械及建筑物不利，新建厂已很少采用。

B　惯性振动筛

惯性振动筛结构如图 1-15（b）所示。筛体和轴及传动皮带轮全部吊挂在弹簧上。筛体的振动是由固定在轴上的两个装有配重的飞轮旋转时产生的惯性力所引起的。惯性振动筛和偏心振动筛比较，惯性振动筛设备简单，传给轴承的振动小，但是振动的振幅取决于载荷，影响筛分效率。

惯性振动筛分座式及吊式两种，均以 15°~20°倾角倾斜安装在基座或梁上。

C　自定中心振动筛

自定中心振动筛工作时，传动轴中心线的空间位置自行保持不变，因此称为自定中心振动筛，自定中心振动筛的结构如图 1-15（c）所示。它和惯性振动筛大致一样，不同的是自定中心振动筛主轴是偏心的。其工作原理是依靠偏心传动轴的旋转使筛子产生上下振动，偏重物随轴一起旋转而产生的惯性力平衡筛子上下振动所产生的惯性力，使该振动筛偏心传动轴中心线的空间位置自行保持不变。由于克服了前两种振动筛的缺点，在工业生产中得到较广泛的应用。

D　耐热振动筛

耐热振动筛用于筛分 800~1000℃的烧结矿，筛分后热烧结矿送往冷却机冷却。由振动器、筛箱、弹簧等组成；筛箱是筛子的运动部件，由筛框、筛板、横梁、侧板组成。筛子的基本工作原理是振动器上两对偏心块在电动机带动下，做高速相反方向旋转，产生定向惯性力传给筛箱，与筛箱振动时所产生的惯性力相平衡，从而使筛箱产生具有一定振幅的直线往复运动。筛面上的物料，在筛面的抛掷作用下，以抛物线运动轨迹向前移动和翻滚，从而达到筛分的目的。

耐热振动筛筛分效率高，设备结构简单，由于采用了二次减振梁，对基础的动负荷较小，但是筛子长期处于高温粉尘条件下工作，遭受连续运动的冲击和振动，筛子本体容易变形、振裂、助振器轴承容易损坏，筛子易于过度磨损。

由于耐热振动筛在使用中难以避免一些故障影响烧结机的生产率，有些烧结厂已取消耐热振动筛。经单辊破碎机破碎后的烧结矿直接进入冷却机，只要把冷却机的风量增加 15%~20%，即可获得与有热振筛时同样的冷却效果。

1.3 操　作

1.3.1 职责

（1）严格遵守各项规章制度，服从分配，完成本职工作，确保正常生产。

（2）熟悉岗位设备性能，正确操作设备，完成生产任务。

（3）负责胶带机所属机电设备在接班时、启动前和运行中的检查、维护保养和一般事故的处理。

（4）负责设备的开停机操作。负责设备的点检、检修配合、检查及试车验收。

（5）带有矿仓和卸料设备的岗位做到按矿种分仓放料和保证料槽满足生产需要。

（6）负责附属设备、设施的看护。

1.3.2 操作程序与要求

烧结生产用的原料有含铁原料、燃料和熔剂。含铁原料主要有铁精矿粉、富矿粉和其他含铁原料（氧化铁皮、高炉瓦斯灰、钢渣铁粉等）。燃料主要有焦粉、无烟煤。熔剂主要是石灰石、生石灰、白云石等。

铁矿粉的造块过程对原料的物理、化学性质都有一定的质量要求，而造块所需的原料来源广、数量大、品种多，物理化学性质差异悬殊，为了获得预定的优质产品和保证生产过程的持续进行，通常在造块前要对原料进行准备处理。

1.3.2.1 原料的验收、贮存与管理

原料的验收工作是造块厂提高产品质量、降低成本的关键环节。它主要包括原燃料的质量检查、数量验收工作并保证原料供应的连续性。

原料入厂前应接受预报，按品种、车号、数量和物理化学性能记录在预报登记台上，并根据生产的需要量合理地调入厂内。入厂的车辆要严格检查是否与预报的品种、车号、数量、质量相符，验收标准后方可卸车，情况不明的不予卸车。

原料贮存的目的不仅是储备原料以保证生产的正常进行，更重要的是为了满足生产工艺的要求而进行多种原料的搭配、中和，减少其化学成分的波动，为配料自动化和提高配料的精确度做准备。

原料管理的好坏，直接影响到烧结矿的产量、质量、成本以及各项技术经济指标，因此原料管理必须严格按照有关规定执行。各种原料要按规定的地点、仓位进行存放，进入料场后应在使用前要重新取样化验其化学成分，为配料计算提供准确数据。

各种原料做好进厂记录，品种、产地、数量、成分、卸车、存放、倒运、使用都要记载清楚，并进行必要的统计分类。

原料在验收、贮存与管理过程中需要注意以下问题：

（1）原料验收工须注意每天盘点估算各种原料库存，发现误差及时纠正。当烧结原料库存低于规定下限，或进料系统发生故障时，要与有关部门及时联系，不得拖延。

（2）所有入厂的原料必须干净，不混有杂物，也不能有两种原料混在一起的现象。

1.3.2.2　原料卸车

原料的卸车包括翻车机、桥式抓斗、螺旋卸车机等设备的卸车。

A　翻车机卸车

（1）开机前对有关设备进行认真检查。

（2）接到外控翻车的通知后，车皮进入翻车机。

（3）对好货位，等其他车皮退出翻车机厂房，一切准备就绪，方可启动翻车机。

（4）翻完的空车皮回到"0"位后，推车装置动作，将车皮推出，进入溜车线。

（5）停车后要切断事故开关。

B　桥式抓斗卸车

（1）开机前进行认真检查。

（2）台上操作室的电源开关，发出开车信号。

（3）把抓斗对准抓料点后停稳。

（4）张开的抓斗保持垂直状态，落在取料位置上。

（5）进行抓料操作。

（6）把抓斗提升到需要的高度，使抓斗对准指定的料槽上部停稳。

（7）抓斗缓慢张开，把料放入料槽。

C　螺旋桥式卸车机卸车

（1）开车前要认真检查大车行走机构、提升机构及螺旋旋转机构是否运行正常；液压制动器是否安装正确；油路是否畅通和灵活可靠；料仓内是否有料；来料中是否夹有杂物等。

（2）接到开车信号后，螺旋旋转机构需要运转时，按螺旋启动按钮；卸料时要控制螺旋下降高度和下降速度，不准旋料太深；停车后必须将控制器打在"0"位。螺旋上升碰到极限开关，立即停机，不准再强制上升。

D　卸车时的注意事项

（1）翻车机在试空车时锁钩必须锁死。

（2）车皮运到翻车机平台上时，必须将车皮打到合适位置，否则严禁翻车。

（3）只有接到允许翻车信号后方可操作，否则严禁翻车。

（4）翻车机在运转过程中突然掉闸，应及时切断电源，检查问题，经修理后再翻车。

（5）桥式抓斗的闭合卷扬机在操作时，应缓慢地放松提升卷扬的钢丝绳，在抓斗闭合好后，应保持四根钢绳同时受力。

（6）吊车停止运行时，必须停靠指定的地点，抓斗应平稳地放在料堆或平台上，而不准放在地上。

1.3.2.3　原料中和

为了使原料成分稳定、配料准确，要在原料贮存时进行中和工作。目前用得较多的中和方法是分堆存放、平铺直取。

原料在混匀时应注意以下几点：

（1）平铺料时，必须均匀地从一端到另一端整齐地条铺。

（2）抓取料时，必须按指定的料堆从一端到另一端切取使用，不得平抓或乱抓。

1.3.2.4　料场管理日常作业

（1）进入料区先确认区域环境，火车、汽车、卸车机等运行设备是否会对自己造成伤害，检查作业区域是否畅通，照明设备是否有效，原料贮存起堆是否合乎规范。

（2）指挥原料进场卸车、取样、转运、起堆，严把原料质量关，对水分大、混有杂物、大块油污、味重等异常的原料要及时汇报，要确保车辆计车数量准确及转料时确保装车吨位。

（3）指挥车辆装车转料、上料、卸车或人工卸车时，应站在安全的位置上，并距车辆侧面 5m 以外，正面 10m 以外，车后方禁止站人，防止车辆伤害，或返矿、球团粉落地时，被热气烫伤。需上车观看原燃料质量时，必须等车停稳，与司机联系，严禁从车厢后轮侧面上下。

（4）了解圆盘矿仓贮料情况，根据配比放料，合理安排各种原料进仓量。监督圆盘工取样，样品妥善保存，做到不混料，对样品进行送验，记录化学成分、水分。

（5）原料进场与进仓混有杂物、大块，要找责任单位并进行处理。装车吨位不足的车辆要过磅，杜绝车辆转运中洒、漏料，车辆因故障而将原料随地乱倒的要追究责任并清理落地原料，故障车辆禁止带料出厂。

（6）严禁站在料槽（仓）内或料槽（仓）上捅料及在料槽（仓）边缘上行走。站在安全位置，指挥铲车清理料场、原料进仓。

（7）清理出的稻草、大块杂物要送至垃圾堆埋场集中处理。

（8）雨季时，及时排出料场内积水，并关注料堆状况，离料堆不宜太近，以防坍塌伤人。

1.3.2.5　原料破碎

原燃料具有适宜的粒度是保证造块生产高产、优质、低耗的重要因素之一。磨碎的目的就在于从粒度上满足铁矿粉造块生产对原燃料粒度方面的要求。

A　破碎筛分工艺流程的选择

矿石在破碎、筛分过程中通过皮带运输将破碎机械与筛分机械联系起来构成破碎筛分流程。破碎筛分流程的种类很多，均可归纳为以下几个要素；破碎的段数、筛分机械与破碎机械间的配置关系、筛上物是否返回。

在选择破碎、筛分流程时，主要应考虑破碎物料的总破碎比（即给料粒度和最终产品粒度的比例），原料的物理性质，水分大小等因素。破碎比大时，应经过二次或二次以上的多段破碎。破碎后不经筛分的被称为开路破碎，此流程简单，但产品粒度不稳定。破碎后需要筛分的称为闭路破碎，闭路破碎流程按筛分在破碎前或后，分为预先筛分和检查筛分两种。预先筛分是在原料破碎前先经筛分，筛去细粒，防止过分破碎并提高破碎机的生产能力，减少能耗。当矿石水分大而含泥多时，预先筛分还可以防止和减轻破碎机被堵塞的程度。检查筛分是原料先破碎后筛分，目的是保证破碎产品的粒度和充分发挥破碎机的能力。

对于熔剂的破碎筛分来说，由于烧结所用的石灰石一般要求 0 ~ 3mm 的含量应大于 90%（球团则要求更细），而入厂的石灰石粒度上限为 40mm，有的甚至达 80mm 之上，所以必须将入厂的石灰石进行破碎，使其粒度达到生产上的要求。

烧结造块所用的固体燃料有碎焦和无烟煤。由于入厂的燃料粒度通常为 0 ~ 25mm，而生产上则要求在 0 ~ 3mm，为此，需要对固体燃料进行破碎与筛分。四辊破碎机破碎时，一般采用一段破碎流程就可以使小于 3mm 的部分达到 90% 以上，不需进行筛分。用锤式破碎机破碎时，要进行检查筛分。但采用四辊破碎机破碎时，如果进厂燃料中混杂有较多的大于 25mm 的大块，可以考虑在进入破碎机前用振动筛筛除大块，或采用两段破碎，第一段可采用对辊机、锤式破碎机或反击式破碎机破碎。

四辊破碎机可以破碎焦炭，也可以破碎无烟煤；锤式破碎机破碎无烟煤比较好。破碎焦炭时，由于焦炭含水量较高，使筛分发生困难。此外，锤头的磨损也快，其寿命只有破碎石灰石时的 59%。

B　几种破碎设备的主要操作步骤

（1）单辊可逆式锤式破碎机：

1）开机前对设备进行逐一检查；

2）检查完毕，情况正常后，先送上电磁铁电源，待运输皮带启动后，开动除尘风机；

3）开启破碎机；

4）破碎机运转正常后，开动皮带机均匀给料；

5）停机时，应先停止给料，待锤式破碎机内的物料转空后，方可停锤式破碎机；

6）电磁铁上杂物应及时处理，严禁将碎铁等物带进破碎机内。

（2）反击式破碎机：

1）开机前对各连接部位、传动皮带等有关设备进行点检，并进行人工盘车数次；

2）检查完毕，情况正常，关好机体的各个小门，由电工将改电盘上的选择开关转至手动位置，将机旁操作箱上的事故开关合上，即可按操作箱上的启动按钮，破碎机随之启动，待机器运转正常后可开始均匀加料，停机时按停止按钮，并切断事故开关；

3）反击式破碎机启动前，先联系启动除尘风机；

4）停机前首先停止给料，把机内物料转空后，方可停机。

（3）四辊破碎机：

1）开车前对设备进行逐一检查，启动前应先盘车；

2）检查合格，将除尘风机门关死，待运转正常后，再将风机门慢慢打开；

3）合上事故开关，启动生产；

4）四辊破碎机启动之后，调整丝杆弹簧，确认压力一致、上下辊间隙适当时，开动皮带机给料进行破碎；

5）停止生产时，应立即切断事故开关，保证安全停机；

6）非联锁工作制时，可使用机旁的"启动"、"停止"按钮，进行单机开停车操作。

C　破碎时的注意事项

（1）破碎物料时，不允许杂物尤其是金属块进入破碎机内。

（2）运转中发现有杂音和振动时，应立即停机检查、处理。

（3）在清除筛条间的堵塞料杂物时，要切断事故开关。

（4）注意破碎粒度的变化，及时调整折转板、算条与锤头间隙，一般折转板与锤头间隙为 3mm，算条与锤头间隙为 5mm。如有锤头磨损、筛条折断等应及时更换。

（5）反击式破碎机破碎粒度要控制在 0～50mm 范围内；要根据情况调整反击板与锤头之间的间隙，一般它们之间的间隙不要超过 30mm。

（6）四辊破碎机启动时，应先启动下主动辊，待运转正常后，再启动上主动辊，四辊破碎机运转正常后再给料，给料要均匀。未正常启动前，不得向机内给料。

（7）四辊破碎机给料粒度为 0～25mm，大于 25mm 不得超过 5%，含水量小于 12%，出料粒度小于 3mm。

（8）四辊间隙要经常调整，调整间隙时应缓慢，并保证两辊中心线平行，上辊间隙 10mm，下辊间隙 3mm。

（9）要均匀给料，保证转子或辊子整个长度上有料，给料量要适当。

1.3.2.6　原料的筛分

通过单层或多层筛面，将颗粒大小不同的混合料分成若干个不同粒度级别的过程，称为筛分。对合格块度的物料分出粒度级别即为分级。常用的筛分设备有固定筛、圆筒筛、振动筛。筛分设备的工作效率用筛分效率表示。

筛分效率指的是实际筛出的产品（筛下物）质量占原筛分物料中所含筛下物总量的百分率。

筛子的生产能力常用筛分生产率来表示。筛分生产率是指 $1m^2$ 筛面 $1h$ 所能处理的原料量（$t/(m^2 \cdot h)$）。

筛子的大小常用筛网的长度和宽度表示，筛孔尺寸大小常用 mm 表示。而细粉物料则常用网目（简称"目"）表示。网目数是在 1 英寸（相当于 25.4mm）长度上所具有的大小相同的方孔数。根据国际标准筛制：200 目为 0.074mm；150 目为 0.1mm；100 目为 0.15mm；65 目为 0.2mm；48 目为 0.3mm；32 目为 0.5mm；16 目为 1mm。

振动筛是工业上应用最广泛的筛分设备，操作步骤如下：

（1）开机前检查弹簧与各部位螺丝是否有松动；各轴承之间的油量是否符合要求；筛体与弹簧是否有裂痕；三角带是否有磨损或断裂的现象；筛网口是否干净，有无破网或堵塞现象，设备启动前应将除尘机风门关死。

（2）一切准备工作完毕，在接到"预启动"信号后，即可合上事故开关，按启动按钮启动设备。

（3）非联锁工作时，设备可单个启动，常在设备检修和处理事故时用。

（4）振动筛运转正常后，将风机风门打开。

（5）正常停机由操作盘统一进行。

（6）非联锁工作制时，待筛内料走完，即可按机旁停机按钮，进行停机。

（7）注意筛网的使用情况，保证熔剂小于 3mm 的粒级达 90% 以上，合格率在 95% 以上。

振动筛工作时，正常情况下，不准带负荷启动，正常停机时筛子上不准压料。

筛子经过长期使用后容易出现磨损，从而影响其筛分效率，因此，应经常检查振动筛上的料是否均匀，筛网有没有堵塞现象，发现振动筛有异常现象时应及时检查调整，从而保持较高的筛分效率。

1.3.2.7　燃料破碎操作

A　启动操作

（1）开机前检查：

1）开机前检查分料器、四辊小皮带有无裂痕、断裂及掉轮。

2）检查下料斗、筛子有无破损，筛网有无堵塞，各设备有无脱落及松动，各润滑点是否有油，液压站设备是否正常。

3）检查是否有其他工种正在本岗位或相关岗位作业，本岗位是否有挂牌，检查完毕并确认后请示主控工。

4）开机设备齐全完好，破碎门关闭，确认破碎机、四辊破碎机旁、振动筛内，无人或障碍物后，方可开机。

5）检查反击破碎锤头、反击板磨损情况，磨损严重应及时汇报更换。

（2）开机操作：

1）开机前检查并确认后，将要开的设备打至联锁位置等待开机。

2）首先启动除尘等辅助设备。

3）按要求在机旁单机开启四辊破碎机、反击破碎机。

4）四辊破碎机、反击破碎机启动后，主控工按班长指令联锁启动设备。

5）将辊子调整到相应的工艺要求间隙后，通知主控工允许投料。

B　运行操作

（1）四辊破碎机、反击破碎机启动后，主控工按班长指令联锁依次启动设备。

（2）给料前，与前后岗位取得联系，并做到均匀给料，防止卡、堵。

（3）启动时，破碎机正反面严禁站人，严禁机内有积料时启动。

（4）非联锁操作时，必须取得下方岗位许可方可进行。

（5）在生产中要及时调整给料量，保持均匀筛分效率及辊子破碎效果，不准超负荷运行，防止堵料；发现筛网破损应及时修补或更换。

（6）设备运行中，及时清除各除铁器上的杂物，严禁金属物及其他非破碎物混入机内。禁止试擦，清扫转动部位，巡检时手或身体与设备运行部应保持 30cm 以上距离。

（7）必须随时注意辊子的电流表，使各辊子的电流不得超过最大给定量。

（8）勤观察破碎后燃料粒度，及时调整辊间间隙，辊间间隙必须保持一致，四辊必须上下辊间隙适当，四辊破碎机的调整丝杆及弹簧的松紧要保持均匀。调整四辊大丝杆时，扳手用铁丝固定，扳手朝下用力。严禁在运行时打开机壳前后密封门。

（9）注意观察反击破碎机的运行情况，听见异常响声，立即关闭开关。

C　停机操作

（1）正常停机由操作室进行。

（2）当发生事故时，必须立即切断事故开关，停止设备运转。

D　紧急与异常故障处理

（1）辊子堵料应调整给料量、调整辊子间的开度或清除杂物，无法清除时应停止给料，松开下辊，让料空转，当无法排除时应关闭事故开关并挂牌，用工具清除，决不允许不停机处理。

（2）杂物卡住辊子，停止给料，将辊子反转，若此法无效，应切断电源关闭事故开关并挂牌将料扒出。

（3）调整大丝杆时，扳手要拿稳，完毕后要放好，防止掉下伤人。

（4）更换筛网时，必须停稳后，切断电源，挂双牌进行。

（5）进入筛内作业时，相关设备必须停机，切断电源、挂牌，并设专人监护。

（6）更换、安装传动小皮带时，必须切断电源，挂牌。

（7）生产过程中需要打开盖板检查给料情况或处理故障时，必须先停机切断电源并挂牌，要两人同时作业，一人处理，一人监护，故障处理完毕后，一定要盖好盖板，防止物料飞出伤人。

（8）清理堵塞及清刮辊皮积料等异常情况，必须停机，切断电源，挂牌后，待辊子停稳后，两人以上处理，严禁用手掏物或用脚踩。

（9）开盖检查高压反击破碎机前，必须将高压柜打至"接地"位置。

（10）各料仓堵料时，不允许拿水冲洗，且不允许在料仓下方捅料，料仓下方不许站人。

1.3.2.8　设备点检线路

在原料的加工处理过程中，为了保证安全高效地进行生产、维护好设备并及时处理生产中遇到的问题，要对破碎筛分系统进行巡回检查。检查顺序如下：

（1）锤式破碎机检查路线：操作箱→电动机→减速机→皮带机托辊→皮带→电磁分离器→破碎机→上下料嘴。

（2）反击式破碎机检查路线：电动机→液力耦合器→转子→锤头→锤柄→反击板→轴承座→液压站→减振器→皮带机传动轮→增面轮→改向轮→配重轮→上托辊→下托辊→尾轮→清扫器→电磁铁→料斗。

（3）四辊破碎机检查路线：电动机→减速机→壳体→四辊辊皮→带轮→防护罩→机架→油缸→油站→皮带机传动轮→增面轮→改向轮→配重轮→上托辊→下托辊→尾轮→清扫器→开关箱→往复式给料机曲柄机构→给料底板→托轮→电磁铁→料仓。

（4）圆筒给矿机检查路线：操作箱→闸板机构→电动机→联轴器→减速机→开式齿轮→滑动轴承→圆筒。

（5）悬挂振动筛筛分系统巡回检查路线：操作箱→电动机→减速机→圆筒→料仓闸门→吊簧→筛体。

巡回检查中要注意破碎机在运转中的振动是否正常，有无卡辊、堵料嘴、调整丝杆断裂以及传动带的脱落现象。当发现破碎机工作不正常或破碎机内发出金属碰击声时，应立即停机检查。要经常保持振动筛各轴承润滑良好，经常检查振动筛各部弹簧工作是否正常，筛网是否破损，发现故障及时排除。

1.3.3　事故与故障处理（表 1-2 ~ 表 1-4）

表 1-2　胶带机常见事故与故障处理

故　障	故　障　原　因	处　理　方　法
胶带跑偏	头尾轮或增面轮安装不正或粘料；尾部受料斗变形、粘料，下料不正；胶带张紧装置调整不当或掉道；胶带机接头不正；掉托辊或托辊不转；托辊支架不正或严重变形；胶带机支架变形；尾部漏斗挡皮过宽或安装不正；清扫或卸料装置不合适，胶带选择不当或破损等	首先应报告中控室，检查防跑偏设施是否有故障；查明胶带机跑偏的原因，及时调整支架或调尾轮；头尾及增面轮粘料，应立即清理，挡皮托轮是否完好，张紧小车是掉道，对存在的问题及时处理
胶带打滑压料	上料过多、胶带松弛、张力不够、胶带打水等	立即切断事故开关，防止磨断胶带，并通知中控室，检查打滑装置是否完好（正常情况下应自动报警停机）；组织扒料，还不行，则在头轮加塞松香或草袋。胶带过长，调整张紧装置直至正常运转。露天胶带机，雨天注意排水
漏斗堵	粘料、杂物	切断事故开关并报告中控室，检查检测装置是否完好（正常情况下应自动报警停机）。在下岗位胶带继续运转时捅开漏斗，待漏斗畅通后，用铁管将漏斗捅干净。若堵杂物，则进漏斗取出杂物（下岗位胶带必须停电）
胶带划伤或划穿	尾部漏斗突然掉入较大的铁器等物件，上托辊支架掉爪；托辊磨破或托辊不转；头尾轮、增面轮、改向轮破损，且转动不灵活；尾轮卷进杂物；尾部受料斗下沉或掉落；胶带密封罩变形或下沉；挡皮压板掉；胶带卡子翘起；清扫、卸料装置压力过大或破损；胶带跑偏严重	立即切断事故开关，报告中控室检查检测装置是否完好（正常情况下应自动报警停机），查明事故原因并处理。皮带划穿则组织打卡子

表 1-3　燃料破碎常见事故与故障处理

故　障	故　障　原　因	处　理　方　法
卡辊	对辊太紧、压力不一致、辊子不平行；给料量太大、太湿；电磁铁失效	停止给料并切断电源，松开下辊，让转空检查有无夹料现象；松动调整丝杆，启动电动机放尽余料，再动另一电动机
电流波动大	间隙或给料量不合适	适当调整间隙和给料量
调整丝杆断裂	南北丝杆受力不一致，辊子两头松紧程度不同，调整丝杆松紧不一致	检查修理
传动带脱落	传动带胶接口不正；辊子南北不一致，辊子不平行；主动辊被动辊径向窜动	检查修理

表 1-4　振动筛常见事故与故障处理

故　障	故　障　原　因	处　理　方　法
筛分质量不佳	筛网的筛孔堵塞；入筛的碎块增多；入筛物料水分增多；给料不均匀；料层过厚；筛网拉得不紧	减轻振动筛负荷；清理筛网；改变筛框倾斜角度；调整给料；减少给料；拉紧筛网
正常工作振动筛运转过慢	传动皮带松	拉紧传动皮带松
轴承发热	轴承缺乏润滑油；轴承堵塞；轴承磨损	往轴承中加润滑油；清洗轴承、检查更换密封圈；更换轴承
振动过剧	安装不良或飞轮上的配重脱落	重新配置，平衡振动筛
筛框横向振动	偏心距的大小不同	调整飞轮
突然停止	多槽密封套被卡住	停车检查，调整及更换
在工作中发生不正常的声音	轴承磨损；筛网拉得不紧；轴承固定螺丝松；弹圈损坏	更换轴承；拉紧筛网；拧紧螺丝；更换弹簧

思　考　题

(1) 简述烧结生产对原燃料的要求。

(2) 不同类型铁矿石的烧结特性如何？

(3) 简述生石灰代替石灰石的优点。

(4) 简述皮带跑偏原因及处理方法。

(5) 完成四辊破碎机设备点检。

(6) 按照生产单位的技术条件、设备条件和各种操作规程，完成烧结料的准备。

实训项目2　烧结配料

实训目的与要求：

(1) 会准确地进行配料计算；

(2) 会配料参数输入，电子秤负荷能进行适当调整；

(3) 会仓位选择和变更；

(4) 能正确使用和维护相关设备及知道影响配料作业因素。

考核内容：

(1) 具备综合应用各种铁精矿粉、熔剂、燃料进行配料方案确定的能力；

(2) 能根据料单进行配料操作；

(3) 了解主要设备的性能、结构、工作原理和操作规程。判断、分析配料设备常见故障，并能正确的处置。

实训内容：

(1) 选择和变更仓位；

(2) 进行称量补偿；

(3) 读懂配料单，输入配料参数；

(4) 操作配料设备及配料设备常见故障及处理方法。

2.1　基本理论

烧结配料是将各种准备好的烧结料，按配料计算所确定的配比和烧结机所需要的给料量，准确地进行配料，组成烧结混合料的作业过程。它是整个烧结工艺中一个重要环节，与烧结产品质量有着密切关系。

2.1.1　配料的目的和要求

烧结生产所使用的原料种类繁多，物理化学性质差异很大。为保证烧结矿的化学成分和物理性质稳定，以满足高炉冶炼要求，同时保证烧结料具有良好透气性以获得较高的烧结生产率，必须对各种不同成分、性质的原料，根据烧结过程的要求和烧结矿质量的要求严格按一定比例进行配料。

对配料的基本要求是准确，即按照计算所确定的配比，连续稳定地配料，把实际下料量的波动位控制在允许的范围内，不发生大的偏差。生产实践表明，当配料产生偏差时，将影响烧结过程的正常进行并引起烧结矿产质量的波动。例如，当固体燃料配入量波动 ±0.2% 时，就足以引起烧结矿强度和还原性的变化。含铁原料配入量的波动会引起烧结矿含铁量的波动；熔剂配入量的波动则会引起烧结矿碱度的波动。而烧结矿成分的波动就会导致高炉炉温、炉渣碱度的变化，对高炉炉况的稳定顺行带来不利影响。因此，重视烧结矿化学成分的稳定性。我国要求 $w(\text{TFe}) \leqslant \pm 0.1\% \sim 0.3\%$，$w(\text{CaO/SiO}_2) \leqslant \pm 0.03 \sim 0.05$。为了保证烧结矿成分的稳定，烧结生产中，当烧结机所需的上料量发生变化时，须按配料比准确计算各种料在 1m 皮带或单位时间内的下料量；而当料种或原料成分发生变化时，则应按规定的要求，重新计算配料比，并准确预计烧结矿的主要化学成分。

配料时，首先根据原料成分和高炉冶炼对烧结矿化学成分的要求，进行配料计算，以保证烧结矿的含铁量、碱度、FeO 含量和含硫量等主要指标控制在规定范围内，然后选择适当的配料方法和设备，以保证配料的准确性。

2.1.2 配料方法

2.1.2.1 容积配料法

当原料堆积密度一定时，其质量与体积成正比。通过给料设备控制所配物料的容积给料量，达到所要求的配加量。此配料方法所使用的设备简单，操作方便，但由人工直接控制，难于实现自动配料且误差较大。

2.1.2.2 质量配料法

按原料的质量进行配料的一种方法，它分为间歇式和连续式两种，通常是指连续式。其主要装置是皮带电子秤、自动控制调节系统、调速圆盘给料机。配料时，每个料仓配料圆盘下的皮带电子秤发出瞬时送料量信号，此信号输入调速圆盘自动调节系统，调节部分即根据给定值信号与电子皮带秤测量值信号的偏差，自动调节圆盘转速，达到所要求的给料量。

质量配料法较容积配料法精确度高，对配比少的原料，如燃料和生石灰，更能显示出其优越性。用此法可实现配料的自动化，便于计算机集中控制与管理，配料的动态精度可高达 0.5% ~ 1%，为稳定烧结作业和产品成分创造了良好条件，也使劳动条件得到改善。

2.1.2.3 按化学成分配料

借助于连续 X 射线荧光光谱分析仪分析配合料中的化学成分，并通过电子计算机来控制其化学成分的波动，从而实现了按原料化学成分配料。此法可进一步提高配料的精确度。

2.1.3 烧结配料计算

把各种不同成分的含铁原料、熔剂和燃料等，根据烧结矿品质的要求进行精确的配料，确定各种原料的合适比例。一般烧结矿的含铁量取决于原料品位，要尽量提高烧结矿的含铁量；烧结矿碱度，主要取决于高炉和烧结强化的要求；而配入的燃料数量主要通过试验来确定。

烧结配料的基本原则是根据"物质不灭"原理，按不同化学成分的平衡，列出公式然后求解。根据高炉对烧结矿的质量要求及所用原燃料的条件采用百分计算法确定配料比；变更配比，要预计烧结矿的主要成分；烧结矿成分波动较大时，应验算配比，并及时调整操作。

烧结现场简易配料计算的主要公式：

（1）干料配比：

$$干料配比 = 湿料配比 \times (100 - 水分), \%$$

（2）残存量：

$$残存量 = 干料配比 \times (100 - 烧损), \%$$

（3）焦粉残存：

$$焦粉干料配比 \times (100 - 烧损) = 焦粉干料配比 \times 灰分, \%$$

（4）烧结残存率：

$$烧结残存率 = (总残存/总干料) \times 100, \%$$

（5）进入配合料中 $w(TFe)$、$w(SiO_2)$、$w(CaO)$：

$$进入配合料中 w(TFe) = 该原料含铁量 \times 干料配比, \%$$
$$进入配合料中 w(SiO_2) = 该原料含 SiO_2 量 \times 干料配比, \%$$
$$进入配合料中 w(CaO) = 该原料含 CaO 量 \times 干料配比, \%$$

（6）烧结矿碱度 R 的工业计算：

$$R = \frac{w(CaO)_{矿} \times 矿石量 + w(CaO)_{灰} \times 石灰量 + \cdots}{w(SiO_2)_{矿} \times 矿石量 + w(SiO_2)_{灰} \times 石灰量 + \cdots + S}$$

式中　　　矿石量、石灰量——该物料的干料量，kg；

　　$w(CaO)_{矿}$、$w(SiO_2)_{灰}$——该物料的化学成分，%；

　　　　　　S——考虑生产过程的理化损失与燃料的影响引入的修正系数，其数值由经验决定，随着碱度的升高而升高，其值在 0.5 ~ 1.5 之间。

（7）配合料及烧结矿的化学成分：

$$w(TFe)_{料} = 各种料带入的 TFe 之和/各种干原料之和$$
$$w(TFe)_{矿} = 各种料带入的 TFe 之和/总残存量$$
$$w(SiO_2)_{料} = 各种料带入的 SiO_2 之和/各种干原料之和$$
$$w(SiO_2)_{矿} = 各种料带入的 SiO_2 之和/总残存量$$
$$w(CaO)_{料} = 各种料带入的 CaO 之和/各种干原料之和$$
$$w(CaO)_{矿} = 各种料带入的 CaO 之和/总残存量$$

（8）配用石灰石的计算公式：

$$石灰石加入量 = \frac{100(R' \cdot a - b)}{R' \cdot (a - c) + (d - b)}$$

式中　R'——规定的碱度；

　　a——除石灰石以外，料中（$SiO_2 + Al_2O_3$）的含量，%；

　　b——除石灰石以外，料中（$CaO + MgO$）的含量，%；

　　c——石灰石中（$SiO_2 + Al_2O_3$）的含量，%；

d——石灰石中（CaO + MgO）的含量,%。

（9）白云石配加量的计算公式：

$$白云石配比 = \frac{(w(MgO)_A - w(MgO)_B)A}{(1 - w(H_2O)_白)w(MgO)_白}$$

式中　$w(MgO)_A$——烧结矿要求的 MgO,%；

　　　　$w(MgO)_B$——未加白云石时,烧结矿的 MgO,%；

　　　　$w(H_2O)_白$——白云石中的含水量,%；

　　　　　　A——混合料的残存量,%；

　　　$w(MgO)_白$——白云石中含 MgO 的量,%。

2.2　主要设备

2.2.1　圆盘给料机

　　烧结厂容积法配料中广泛采用的配料设备是圆盘给料机。矿槽中给出一定数量的物料,从而得到所需成分的混合料。

　　由传动机构、圆盘、套筒和调节给料量的闸门及刮刀组成,其结构如图 2-1 所示。电动机经联轴器通过减速机来带动圆盘。圆盘转动时,料仓内的物料随圆盘一起运动并向出料口的一面移动,经闸门或刮刀排出物料。排出量的大小可用闸门或刮刀装置来调节。当精矿或粉矿用量较大时,宜用带活动刮刀的套筒;而熔剂或燃料用量小,而且要求精确性高时,宜用闸门式套筒。

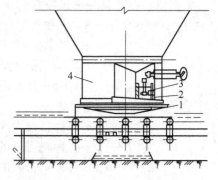

图 2-1　烧结配料圆盘给料机

1—底盘；2—刻度标尺；3—出料口闸门；4—圆筒

　　圆盘给料机,按其传动机构封闭与否,分为封闭式和敞开式两种。封闭式圆盘给料机传动的齿轮及轴承等部件装在刚度较大的密封壳里,因而有着良好的润滑条件,检修周期长,但设备重、造价高、制造困难,大型烧结厂采用较多。而敞开式圆盘给料机,没有良好的润滑条件,易落入灰尘、矿料和杂物,齿轮、轴及各转动面等部位会迅速磨损。但其设备轻,结构简单,便于制造,多为中小烧结厂采用。

　　圆盘给料机给料均匀准确,容易调节,运转平稳可靠,管理方便,一般能满足生产要求。这种设备的主要缺点是：当物料的粒度、水分以及料柱高度变动时,容易影响其配料准确性。

2.2.2　电子皮带秤

电子皮带秤是一种称量设备，能够测量、指示物料的瞬时输送量，并能进行累积显示物料的总量。它与自动调节系统配套，可实现物料输送量的自动控制。因此，电子皮带秤在烧结球团厂被广泛应用在自动配料上。

电子皮带秤由秤框、传感器、测速头及仪表组成，如图 2-2 所示。按一定速度运转的皮带机有效称量段上的物料重量，通过秤框作用于传感器上，输出频率信号，经测速单元转换为直流电压，输入到传感器，电流的变化反映了有效称量段上物料重量的瞬时值及累积总和。

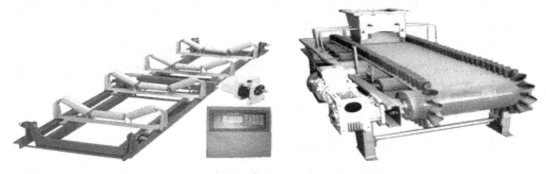

图 2-2　电子皮带秤

2.3　操作部分

2.3.1　职责

（1）严格遵守各项规章制度，服从分配，完成本职工作，确保正常生产。

（2）熟悉岗位设备性能，正确操作设备，精确配料，使烧结矿质量达到要求指标。

（3）熟悉设备性能，认真执行生产技术操作制度。

（4）负责处理矿槽的崩料，并配合配料室做好检修前的倒矿槽工作。

（5）保证各种原料的正常供应，并配合外部操作工做好系统的换料工作。

（6）负责测料工作，并定期校验电子皮带秤，确保各秤的称量精确度。

（7）负责观察各种原料的水分、粒度、流量、品种、成分变化的情况，发现问题及时汇报。

（8）掌握配料室用料的品种和数量，不同品种分类存放，并掌握矿槽内原料的数量、用量的变化情况，保证其最低料位不低于高度的 1/4。

（9）负责对设备的检查、维护保养，及时提出设备的缺陷、隐患与检修项目，参加检修、试车和鉴定、验收工作。

（10）负责岗位安全、除尘设施等的维护和按生产需要对除尘阀门的开闭，搞好安全防尘。

2.3.2　操作程序与要求

精心配料是获得优质烧结的前提。适宜的原料配比可以生产足够的、性能良好的液相，适宜的燃料用量可以获得强度高、还原性良好的烧结矿，搞好配料是高炉高产、优质、低耗的先决条件。

2.3.2.1　配料操作要求

（1）严格按配料单准确配料，根据配料单的比例在计算机上进行设置，使配合料的化学成分合乎规定标准。

（2）配碳量要达到最佳值，保证烧结燃耗低，烧结矿中 FeO 含量低。

（3）密切注意各种原料的配比量，发现短缺等异常情况时，应及时查明原因并处理。

（4）配料比变更时，应在短时间内调整完成。

（5）同一种原料的配料仓必须轮流使用，以防堵料、水分波动等现象发生。

（6）某一种原料因设备故障或其他原因造成断料或下料不正常时，必须立即用同类原料代替并及时汇报，变更配料比。

（7）生石灰消化器的加水原则是：进料端进水多，沿生石灰加水方向逐渐递减。

2.3.2.2　烧结矿成分波动的调整措施

生产过程中，由于各种原因，烧结矿成分难免会发生波动。烧结矿成分的波动类型以及调整措施见表 2-1。

表 2-1　烧结矿成分波动类型及调整措施

烧结矿成分波动				原因分析	调整措施
TFe	CaO	SiO_2	CaO/ SiO_2		
+	0		+	铁料品位升高	高铁料与低铁料对调，减少高品位精矿粉或增加低品位矿
−	0	+	−	铁料品位下降	高铁料与低铁料对调，增加高品位精矿粉或减少低品位矿
+	−	+	−	铁料下料量增加或水分量减少或熔剂下料量减少	减少含铁料或增加熔剂
0	+	−	+	熔剂 CaO 升高	减少熔剂配比
−	+	−	+	熔剂下料量增加	减少熔剂配比
0	−	0	−	熔剂 CaO 降低	增加熔剂配比

2.3.2.3　要求

A　自动配料

（1）采用自动配料时，电子秤的精度不得低于 0.5%，下料量的误差不得大于 1%。

（2）1h 对电子秤进行人工称量校对一次，检查发现自动配料系统失灵或电子秤精度超出范围，应及时校对或维修，并改为人工配料。

（3）按时巡检，检查各下料点是否正常。

B　人工配料

（1）人工配料时，各种下料量允许波动范围：含铁料 ±2%，燃料 ±4%，熔剂 ±4%，返矿 ±2%。

（2）1h 对下料量进行一次称量校对，稳定配料流量。

2.3.2.4　配料系统主要操作程序

配料操作要确保烧结矿品位、碱度等质量指标合格。正常生产时，采用自动配料，自动配料不能正常使用时，可采取人工配料，但应及时恢复自动配料。

A　开机前的准备

（1）全面检查设备，检查各圆盘给料机、配料皮带秤、皮带机等所属设备，以及各安全装置是否完好；检查槽存料是否在 2/3 左右；确认各部位处于良好状态。

（2）各润滑点油量充足，润滑良好。

（3）确认设备运转部位及周围无人和障碍物。

（4）掌握各料仓的槽存、种类及化学成分。

B　开机操作

（1）自动操作（联锁）：

1）接到开机通知后确定使用料仓，将设备选择开关打到"自动"位置到现场监护开机。

2）开机后对所属设备进行监护运行。

（2）手动操作（非联锁）：

1）接到开机通知后，确定使用料仓，将设备选择开关打到"手动"位置，按顺序开机。

2）试车时，通知中控室，同意后方可开机。

C　停机操作

（1）自动操作：

1）接到通知后到现场监护停机。

2）停机后将选择开关打到"0"位。

（2）手动操作：

1）接到停机通知或试车结束后停机。

2）停机后将选择开关打到"0"位，通知中控室。

3）运转中出现问题，及时通知中控室，同意后方可停机处理（出现紧急情况时，可先停机后汇报）。

D　运行操作

（1）保证各种物料按规定的配比进行供料，做到供料及时，不混料，不断料。严格按配比下料，改变配比要由中控室通知，并进行配料验算。可以对配比进行 3% 以内的调整，下料量允许波动范围：铁料波动不大于 4%，熔剂、燃料波动不大于 2%（雨季原燃料水分过湿，铁料波动不大于 5%)。

（2）燃料、熔剂待料时应立即停产，上料后方可重新生产。

（3）必须随时观察各种仪表的工作情况及流动情况，时刻注意观察各圆盘的下料情况，注意物料的水分、粒度及矿槽存量引起的流量变化，发现问题及时处理、汇报。配料仓内用料不得小于 1/3，以保持压力稳定。

（4）因矿槽崩料、闸门堵塞、振动器失灵或其他原因不能正常下料时，应立即启动同品种给料设备顶替，否则，立即停产。

（5）经常清扫秤架，仪表盘、操作箱的积灰、积料，保持清洁，严禁往胶带上打水。

（6）在上料、缓料时，料头、料尾对齐，应采用顺开顺停和同停同开的操作程序。

（7）生产中，要根据看火工的要求，及时加减燃料。生产过程中，应经常观察仪表显示的工艺参数，发现不符合要求时，应及时通知看火工调整操作。

（8）原料成分和烧结矿碱度波动，要及时分析调整熔剂用量。

（9）配用生石灰应先开消化器，再开密封拉式皮带秤。停机时先停密封拉式皮带秤，然后停水并排空后再停消化器。生石灰要加水，提前消化。

（10）在烧结机正常生产过程中，必须 1h 记录一次各仪表、计量器的显示数据，并按时报告。

（11）认真分析废样，正确采取纠正措施。及时跟踪原料、烧结矿检验、化验结果，以供配料操作参考，努力提高配料精度。

（12）在配比和上料量改变时，要及时认真填写原始记录、报表。

2.3.2.5　配料操作的注意事项

（1）随时检查下料量是否符合要求，根据原料粒度、水分及时调整。

（2）运转中随时注意圆盘料槽的粘料、卡料情况，保证下料畅通均匀。

（3）及时向备料组反映各种原料的水分、粒度、杂物等的变化。

（4）运转中应经常注意设备声音，如有不正常声响，及时检修处理。

（5）应注意检查电动机轴承的温度，不得超过 55℃ 。

（6）圆盘在运转中突然停止，应详细检查，确无问题或故障排除后，方可重新启动，如启动不了，不得再继续启动，应查出原因后进行处理。

2.3.2.6　配料系统的巡回检查

配料系统的巡回检查主要包括圆盘给料机与皮带电子秤两个系统的检查。

圆盘给料机：电动机→联轴器→减速机→圆锥减速机→盘面→曲线→下料斗→皮带→电动机。

电子秤：电动机→减速机→胶带机→拉紧装置→秤架→测速轮→计量仪器。

矿槽：筒体→振动器→衬板→传感器。

在配料系统的巡回检查过程中应注意以下几个问题：

（1）圆盘的闸门开口处，严禁有大块堵塞，如果发现应立即处理，以免烧坏电动机。

（2）处理圆盘内粘料时，必须在停机时进行。

（3）注意皮带秤皮带是否跑偏，发现跑偏时应及时调整。

（4）注意皮带秤称量杆部分是否有块料、铁丝或其他东西卡住，保持传感部分清洁、灵活。

（5）不要敲击秤体以及在秤体上放置重物，如需在秤体上作业时，应将传感器旁的保护螺丝支起，使称量压头脱离传感器。

（6）漏斗必须经常清理以免堵塞。

2.3.3 常见故障处理

配料系统在生产中容易出现矿槽堵料，皮带打滑跑偏等故障，这些配料常见故障原因与处理方法见表2-2。

表 2-2 配料常见故障原因及处理方法

故障性质	原因	处理方法
矿槽堵料	物料水分过大	矿槽存量不宜过多，开动振动器处理
圆盘爬行，横轴断裂、闸门坏	料中有大块杂物卡住	检查排除异物、更换闸门
电动机声响不正常，开不起来	负荷大；选择开关、事故开关位置不对或接触不良	电工检查处理
减速器轴承温度高，有杂音	齿轮啮合不正，缺油；轴承间隙小，横轴缺油	检查加油、调整间隙
皮带打滑跑偏	拉紧失灵，皮带松；皮带有水，下料偏	检查处理

异常与紧急情况的处理：

（1）电子秤失灵时，及时用成分相近原料代替，及时对失灵电子秤进行检查。

（2）在正常生产中如发现燃料、熔剂粒度粗时，及时反映。

（3）发现圆盘给料机运转困难或不转，应及时检查。

（4）皮带压料、卡住或跑偏掉料时，严禁用手往滚筒与皮带夹角中间塞东西，必须停机处理。

（5）皮带被压死时，要立即停机，关闭事故开关，查明压料原因，严禁强行启动。

（6）皮带上有大块物料和废铁时，禁止用手搬，应使用专用工具将其清除，必要时应停机处理。工作时不慎将铁锹或扫帚等物带进传动部位时，应立即松手，不许硬拉。

（7）圆盘堵料时禁止用手接触圆盘，必须停机处理，操作者应站在出料口侧面工作台，严禁站在皮带架上处理。

（8）用调节丝杆、调心托辊调整皮带跑边时，手或身体与旋转部位必须保持30cm以上，站位和调整方法要正确，用力要适当，严禁硬拉硬推。处理电子皮带秤跑偏时，必须2人作业，其中1人监护。

（9）清挖矿槽，前后相关设备必须停机，架楼梯应防止塌料压伤人，矿槽内必须使用12V低压照明。先清挖上方，防止塌料伤人。

（10）捅料斗时，选好位置，脚要站稳，并保持平衡，防止失去重心掉进料斗。

（11）停机处理任何故障和检修，都必须切断机旁控制箱内空气开关电源挂牌，并与相关岗位联系，设监护人，方可进行作业。运行过程中发现异常的声响，以及将会引起设备损坏的隐患，应立即停机关闭安全开关将选择开关打到"0"位，进行检查。

思 考 题

（1）烧结矿成分波动时，如何进行调整措施？

（2）完成圆盘给料机设备点检。

（3）规定烧结矿含 Fe49%，$R = CaO/SiO_2 = 1.15$，MgO = 2%~3%。以 100kg 烧结矿为计算单位，根据经验规定无烟煤用量为 9kg，菱镁石为 6kg，原料成分见下表。无烟煤的工业分析成分：固定碳 75.48%，灰分 15.03%，硫 0.68%，挥发分 8.51%，结晶水 0.28%，物理水 7.4%。要求：计算各种原料的配比及烧结矿成分，并列表。

烧结原料化学成分　　　　　　　　　　（%）

品名	TFe	FeO	Fe₂O₃	SiO₂	CaO	MgO	Al₂O₃	S	Mn	P	烧损	水分
精矿	61.4	24.8	60.16	13.1	0.44	0.35	0.43	0.025	0.055	0.012	0.6	10
富矿粉	57.24	18.5	61.3	16.84	0.61	0.38	0.57	0.05	0.051	0.027	1.37	10
菱镁石				2.64	3.92	41.73	2.02	0.004	0.06	0.21	49.52	5
石灰石				2.16	53.34	1.15	1.44	0.008	0.021	0.01	42.44	5
煤粉			5.72	50.07	3.81	0.65	34.22					

（4）烧结矿化学成分与配料计算发生较大偏差的原因有哪些，如何调整？

（5）生产中使用皮带电子秤的注意事项有哪些？影响圆盘给料机下料量的因素有哪些？

（6）配碳多少，对生产将产生哪些影响？

实训项目3 烧结料的混合

实训目的与要求：

（1）能够描述混料系统工艺流程，设备组成和结构；

（2）会正确判别混合料的水分和粒度，并能进行适当调整；

（3）能判断、分析混料系统常见的异常情况，并能正确处置。

（4）能正确使用和维护相关设备。

考核内容：

（1）混合料制粒效果分析；

（2）混料的操作、判断、计算及调整；

（3）主要设备的性能、结构、工作原理和操作规程。判断、分析混料设备常见故障，并能正确的处置。

实训内容：

（1）判断混合料制粒效果；

（2）判断混合料水分，会简单处理加水量过多及不足的故障；

（3）会操作混料系统的设备；

（4）会判断分析设备故障和异常情况，并能正确的处置。

3.1 基本理论

3.1.1 烧结料混合的目的

烧结料混合的目的，一是将配合料中各个组分充分混匀，获得化学成分均一的混合料，以利于烧结并保证烧结矿成分的均一稳定；二是对混合料加水（蒸汽）润湿和制粒，以获得良好的粒度组成和必要的料温，改善烧结料的透气性，促使烧结顺利进行。

3.1.2 混匀与制粒的方法

多数烧结厂都采用圆筒混料机进行混匀与制粒。为获得良好的混匀与制粒效果，要求根据原料性质合理选择混合段数。生产中一般采用一段混合和两段混合两种作业。

一段混合是混匀、加水润湿和粉料成球在同一混料机中完成。制粒效果很差，所以只适用于处理富矿粉；混合的目的仅在于使各组分混合均匀和调到适宜水分，对制粒可不作要求。此种工艺和设备简单，用料单一的中小型烧结厂有采用的。

我国主要是用细磨精矿进行烧结，由于其粒度很细，除要求混匀外，还必须加强制粒，故多采用两段混合的方法。两段混合是将配合料依次在两台设备上进行。一次混合，主要任务是加水润湿和混匀，使混合料中的水分、粒度和物料中各组分均匀分布；当使用热返矿时，可以将物料预热；当加入生石灰时，可使 CaO 消化。二次混合除有继续混匀的作用外，主要任务是制粒，并进行补充润湿，还可通入蒸汽预热，从而改善混合料粒度组成，使混合料具有透气性最好的水分含量和必要的料温，保证烧结料层具有良好的透气性。

3.1.3　加水量、加水方法及水分量的判断

混合料加水润湿的主要目的是促进细粒料成球，因此，混合料的成球好坏与加水量的多少有关。干燥或水分过少的物料是不能滚动成球的。但水分过多，既影响混匀，也不利于制粒，而且在烧结过程中，容易发生下层料过湿的现象，严重影响料层透气性。

不同的烧结混合料最适宜的水分含量是不一样的。最适宜的制粒水分与原料的亲水性、气孔率和粒度的大小有关。一般情况下，致密坚硬的磁铁矿最小，为6%~10%；赤铁矿居中，为8%~12%；表面松散多孔的褐铁矿最高，为14%~18%。当配合料粒度小，又配加高炉灰、生石灰时，水分可大一些。考虑到烧结过程中过湿带的影响，一般混合料中实际含水量的控制比最适宜水分值约低1%~2%。同时混合料制粒时，适宜的水分波动范围不能太大，应严格控制在±0.5%以内，否则将对混合料的成球和透气性产生不利的影响。

一次混合机内水量加到接近烧结料的适宜水含量，加水量一般是总水量的80%~90%，水分波动范围限制在±0.4%。二次混合机中加水，是为了更好地制粒和控制物料的最终水分，因此应根据混合料水分的多少进行调节，补充加水，以保证有更好的成球条件，并促进小球一定程度上长大，补加水量一般仅为总水量的10%~20%，二次混合水分波动限制在±0.3%。二次混合后的物料水分应严格控制在允许的波动范围内。

加水的方法对混匀及制粒效果也有很大影响。应遵循尽早往烧结料加水的原则，使料的内部充分润湿，增加内部水分，这对成球有利。

混合机内加水时，还必须注意加水的位置和进出口端的水量。加水时应重视喷水质量，要使水成雾状直接吸在料面上，如图3-1（a）图所示 A 处。如果将水喷在混合机筒底 B 处，将造成混合料水分不均和圆筒内壁粘料。同时水量分布应是进料端给水量多于出

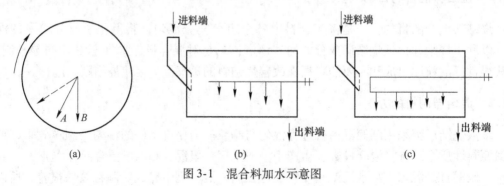

图3-1　混合料加水示意图

料端，并力求均匀稳定，如图 3-1（c）所示。而图 3-1（b）所示则相反，是不对的。距出料口三分之一处起不再加水，剩余部分仅做造球用，以免过湿和破坏造球。

使用烘干的方法和观察的方法结合起来判断混合料的水分，再使用开闭水阀对混合料水分加以调整。这种方法的滞后现象严重，而且误差较大，已不能适应生产的要求。使用中子水分计或红外水分计进行混合料水分的自动检测和反馈控制，具有灵敏、准确、可靠等优点，所控制的最佳值比人工控制及时、稳定，有利于提高烧结矿的质量。

3.1.4 混合时间

为保证烧结料混匀与制粒效果，需要有足够的混合时间。通常，当混合时间增长时，不仅混匀效果提高，制粒的效果也提高。这是因为混合料被水浸润后，水分在料中均匀分布需要一定时间，而小球从形成到长大也需要一定时间。但时间过长，料的粒度组成中粒径过大的数量增加，反而对烧结生产不利。

混合时间与原料的性质及圆筒混合机的倾角、长度和转速有关。当设备条件一定时，混合时间的长短取决于原料的粒度组成，使用细精矿粉制粒时，应适当延长混合时间。

细精矿粉在圆筒混料机内混合时，混合时间应不小于 2.5～3min，即一次混合为 1min，二次混合约 1.5～2min。如果使混合时间增加到 4～5min，这样一次混合达 1.5～2min，二次混合达 2.5～3min，会更好改善混匀与制粒效果。

3.1.5 混合机的转速

混合机的转速决定着物料在圆筒内的运动状况，而物料的运动状况也影响混匀与制粒效果。转速过小，筒体所产生的离心力较小，物料不能被带动到一定高度，形成堆积状态，混匀与制粒效果都不好；反之，转速太快，产生的离心力太大，使物料紧贴在筒壁上，随圆筒转动，失去混匀和制粒作用。只有转速适当，物料在离心力作用下达到一定高度，而后在自身重力作用下跌落下来，如此反复滚动，才能达到最佳的混匀与制粒效果。混合机的临界转速为 $30/\sqrt{R}$ r/min（R 为混合机半径，单位为 m）。一般，一次混合机的转速采用临界转速的 0.2～0.3 倍，二次混合机采用 0.25～0.35 倍。

3.1.6 混合机的填充系数

填充系数是指圆筒混合机内物料所占圆筒体积的百分率。当混合时间不变，而填充系数增大时，可提高混合机的产量，但由于料层太厚，物料运动受到限制和破坏，因而对混匀制粒不利；填充系数过小，不仅产量低，而且由于物料间相互作用力小，对制粒也不利。一般认为，一次混合填充系数为 15%～20%，二次混合比一次混合的要低些，为 8%～12%。

3.2 主要设备

混合设备的作用是把按一定配比组成的烧结或球团料混匀，且保证烧结矿的质量与产量。

烧结厂常用的混料设备是圆筒混料机，其构造如图 3-2 所示，它是一个带有倾角的回转圆筒，内壁衬有扁钢衬板以防磨损，也有衬有角钢或不加衬板的。圆筒内装有喷水嘴，以便均匀供水。圆筒混料机倾角，一次混料机不大于 4°，二次混料机不大于 2°30′。为了

图 3-2　圆筒混料机

1—装料漏斗；2—齿环；3—箍；4—卸料漏斗；5—电动机；6—圆筒；7—托辊

加强混匀和造球效果，在保证产量的前提下，可以降低倾角。

　　圆筒混料机混料范围广，能适应原料的变动，构造简单，生产可靠且生产能力大，是一种行之有效的混料设备。但是筒内有粘料现象，混料时间不足，同时振动较大。为了改善这种情况，可采用增长混料圆筒长度的办法。为了减轻振动，改用浮动滚道（即与筒体不固接，允许有蠕动），在混合机的电动机和减速箱之间，轮圈与支承辊之间，支承托架与楼板之间安装减振器（如图 3-3 所示），同时使用具有橡胶金属减损器的补偿式联轴器，以减轻或消除圆筒混料机的强烈振动；也可采用橡胶摩擦传动等。

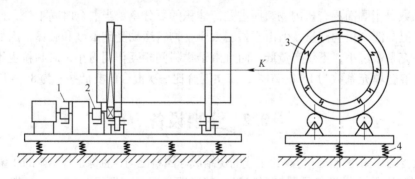

图 3-3　具有橡胶金属减振器的圆筒混料机

1—具有 4 个橡胶金属垫圈的弹性联轴器；2—具有 6 个橡胶金属垫圈的弹性联轴器；
3—轮圈和圆筒间的减振器；4—混料机托架和楼板间的减振器

3.3　操作部分

3.3.1　职责

（1）严格遵守各项规章制度，服从分配，完成本职工作，确保正常生产。

（2）熟悉岗位设备性能，正确操作设备，完成生产任务。

（3）负责烧结料加水、混匀，调整并稳定混合料水分，满足烧结生产要求。

（4）负责混合料水分信息的反馈，保证混合料水分达到技术要求。

（5）负责在接班时启动前和运行中的设备检查、维护保养和一般事故的处理。

（6）负责设备的点检、检修配合、检查及试车验收。

（7）负责附属设备、设施的看护。

3.3.2　操作程序与要求

一次混合的目的是将配料室配制的各种原料混匀、预热，并达到造球水分，其重点在对混合料加水混匀，为二次混合打下基础，为达到上述目的，其具体操作要求是：

（1）混合料的水分一般要根据原料的品种、粒度、温度、混合原料的含水量、料批重、返矿量及除尘放灰量的大小来决定。通常一次混合料水分在（7.0±0.3）%之间，以保证混合料的充分润湿、混匀和生石灰消化。

（2）目测判断水分的标准：水分适宜时的混合料经手提成团有指痕，但不粘手，料球均匀，表面反光；水分过低时有较多的干料；若水分过大，料面有光亮，发黏，烧结过程不好点火。

（3）注意观察信号灯指示以及混料机声响情况，严防跑干料、湿料。

（4）严守岗位勤捅料嘴，确保畅通无阻。

二次混合的主要目的：第一，进行造球，改善混合料的透气性；第二，补加一定的水并通入蒸汽，预热混合料，使混合料的水分和温度满足烧结工艺的要求。为达到上述目的，其操作要求如下：

（1）准确控制机内的加水量和蒸汽量，使之符合规定的指标。

（2）要经常取样、观察来料的水分和数量，及时调整蒸汽量与加水量，以防混合料水分与温度的波动。

圆筒混料机的操作步骤按以下程序进行。

3.3.2.1　开机前的准备

（1）检查混合机的安全装置、信号灯具、操作箱开关按钮是否完好，工具是否齐全。

（2）检查混合机各部连接螺丝、地脚螺丝是否紧固。

（3）检查混合机的减速机、托辊、挡轮、大齿轮润滑是否良好，油质、油量是否符合要求。

（4）检查并确认供水畅通，闸门好用，可满足调节加水的需要。

（5）检查混合机周围是否有非岗位操作人员和障碍物，并撤离非岗位人员和清除障碍物。

3.3.2.2　联锁工作制下的开停机操作（自动操作）

A　正常开机

（1）接到准备开机通知后，按开机前准备工作要求进行彻底检查，确认无误后将机旁操作箱上工作制转换开关（选择开关）打到"自动"位置，在机旁监护开机，等待启动。

（2）系统集中启动时，中控室会首先发出预告电铃信号，预告电铃为短音信号。

（3）预告电铃过后，系统进入设备启动阶段，中控室按联锁关系依次启动各设备（逆开），此时铃声变为长音信号。设备全部完成启动后，铃声停止，系统启动过程结束。

（4）系统启动过程中，如发现设备有异常情况需要将设备停机时，可把工作制开关打到"0"位，或使用事故开关将设备停下来。停下设备后应马上向中控室人员汇报，并做好事故记录。

（5）待运转正常后，接到上料通知信号，立即加水并调整混合料水分达到指标要求。

（6）生产中对所属设备运转状况进行全面检查，并监督运行。

B　正常停机

接到停机通知后，机旁监护停机。待料尾进入混合机后停止加水，由中控室实施联锁停机（顺停），停机后将转换开关打到"0"位。

C　事故停机

当设备出现无法正常生产或危及人身安全需要停机时，可把工作制转换开关打到"0"位，或使用事故开关将设备停下来，停下设备后应马上向中控室人员汇报，并做好事故记录。

3.3.2.3　非联锁工作制下的开停机操作（手动操作）

（1）按开机前的准备工作要求进行全面检查确认后，合上事故开关，将工作制转换开关转到"手动"位置，待下道工序设备运转正常后，按"启动"按钮，设备即开。待运转正常后，接到上料通知信号，立即加水并调整混合料水分达到指标要求。生产中对所属设备运转状况进行全面检查，并监督运行。

（2）接到停机指令后，通知停止给料，待料尾进入混合机后停止加水，待物料排空后再按"停止"按钮，设备即停。停机后，将选择开关打到"0"位。

（3）检修期间采用手动操作，在机旁开、停机。检修试车完毕后，向中控室汇报情况。

3.3.2.4　操作注意事项

（1）运转中，随时注意清除出料漏斗粘料，保证下料通畅。圆筒内壁不应挂料过多，应在停机时抽空进行清理，以保持良好的混合效果和造球能力。

（2）混合料进入筒体，逐步打开水阀门，通过目测或测水仪，判断水分大小，及时调节加水量，将水分波动控制在允许范围内，防止跑干料或湿料。水分失常时，应及时调整给水量，水分失常不得超过 2min。混合料水分应控制在 5% ~ 9%（根据生产的实际情况，可适当调整混合料水分）。

（3）在生产中应勤检查、勤观察混合料水分的变化情况，发现异常，及时调整。

（4）要经常用小铲取样，观察其水分大小，进行料温测定和粒度组成测定，料温要求在露点温度以上，并做好记录，以此作为操作的依据。

（5）经常与配料室联系，根据混合料中原料、燃料及返矿量的变化适当调节水分。上料、缓料及时加、停水，严禁跑水或跑干料。

（6）运转中发现机体有特殊擅动或开裂现象时，汇报中控室，并查明原因及时处理。

（7）发现加不上水或供水中断时，应立即与中控室联系关闭加水阀门停机。

（8）无紧急情况严禁带负荷停机，若筒体内压料过多开不起来，应先清除积料，方可再启动。小矿槽存料应保持在 1/2～2/3 范围内，严禁出现空槽现象。

（9）正常生产时，不准手动转车生产，混合机没有停稳时不准重新启动。严禁从筒体下横过或接触混合机，不许把头伸进圆筒看料或检查。

（10）运转中随时注意进出料流的粘料和漏斗堵塞情况，保证进出料流畅通。圆筒出料口应经常清理，防止堵料影响混合料的出料量。

（11）不论联锁、非联锁，停车后，必须将事故开关切断，以免下次启动时联系失误，造成重大事故。

带料操作时，接到下料通知后，逐渐调整圆盘转速开始下料，同时打开高压蒸汽，并根据料流适当加水，待小仓料存到 1/3 以上，通知开烧结机。接到停料通知时，将圆盘给料机调速箱指针打到"0"位，停止供料。并随混合料的减少而逐渐关闭水门、关闭蒸汽门，当料仓的料少于 1/3 时，通知烧结停机。

3.3.2.5　检查路线

一次混合：进料嘴→翻板→操作箱→电动机→减速机→齿轮齿圈→滚筒→挡圈→挡轮→筒体衬板→ 加水装置→下料嘴。

二次混合：电动机→减速机→圆筒→稀油站→分离器→管道→水泵→开关箱→自动打水装置→喷油装置→ 电动机。

巡回检查时发现故障与隐患要及时汇报与处理。

3.3.3　事故与故障的处理

圆筒混料机在生产过程中容易出现的故障及处理方法见表 3-1。

表 3-1　圆筒混料机常见故障与处理方法

常见故障	原　　因	消 除 方 法
减速机声大	滚珠间隙大	调整新滚珠
	人字齿轮啮合错位	重新调整齿轮啮合
减速机漏油	油量过多	减少油量
	轴头密封不好	重新密封
筒体振动大	托辊位置不正	调整托辊
	滚圈螺丝松动，垫板摇动	调整垫板、紧固螺丝
	滚圈开裂、变形，辊面掉皮	修理或更换托辊、辊道

续表 3-1

常见故障	原　因	消　除　方　法
轴承过热	轴承损坏	检查更换轴承
	缺油或油量过多	适当加减油量
小齿轮振动	齿轮啮合不正，地脚螺丝松动	重新找正拧紧螺丝
	轴承间隙过大	检查更换轴承
电动机不能启动	未送电，系统选择开关不对	检查开关工作情况
	事故开关未合	检查电源电压及熔断器
	电源电压低，熔断丝烧断	检查负荷，有无卡住情况
	负荷过大，机械有卡住现象，单相断路	检查更换
电动机异常振动和响声	电动机地基不平，安装不正	检查地基及安装，垫平找正
	滚动轴承装配不良，轴承有缺陷	检查或更换轴承
电动机发热	电动机过载	降低负荷，或更换较大的电动机
	电源电压过低或过高	调整电源电压（允许±5%）
	环境温度高，电动机通风不良	检查电动机风扇，改善环境通风
电流不平衡	三相电源电压不平衡	测量电源电压
	定子绕组中有部分线圈短路或有接线错误	测量三相电流或检查过热线圈改正接线错误

异常与紧急情况的处理：

（1）停机缓料和突然事故时，应立即关闭水、汽阀门。

（2）进入圆筒内对加水管，衬板等进行检查，须得到主控室同意，并将事故开关切断，将转换开关打到"0"位悬挂警示牌，在专人监护下方能进行。

（3）圆筒内粘料超过200mm厚时，应利用停机时间进行处理，但要事先通知主控室，并将事故开关切断，将转换开关打到"0"位悬挂警示牌，在专人监护下方能进行。办好手续方可处理。

（4）混合机内压料，必须停机、停电，组织人员清挖圆筒，必须水、蒸汽闸阀关闭，待圆筒停稳后，用三角木塞好方可入内，选好站位，站稳。清挖时，要仔细观察圆筒积料结构块的松紧状况，先清挖上方周围的积料或松料，防塌料伤人。圆筒内应使用12V低压照明。

（5）清挖圆筒过程中若需排料，清挖人员必须撤出筒体，设专人指挥和监督，按正常停开机程序作业。

（6）在启动或正式生产时，若发现液力耦合器温度大于65℃或漏油严重时，应立即切断事故开关，停机进行修理，修复后方可进行生产。

（7）当运行过程中发现异常的声响、将引起设备损坏的隐患以及人身安全，必须立即关机，关闭安全开关，选择开关打到"0"位，高压电动机必须退出小车，挂上操作牌，进行检查。

（8）混合机发生上下跳动、窜动，应立即采取紧急措施，停止设备运转，并汇报。

（9）处理任何故障和检修，必须停机切断电源。

思 考 题

（1）一次混合、二次混合的填充系数及混合时间为多少？

（2）烧结料适宜水分的评价标准是什么？

（3）混匀制粒效果对烧结生产的影响有哪几方面？

（4）简述圆筒混料机操作时应注意的事项。

（5）简述圆筒混料机开机前的准备工作。

（6）完成圆筒混料机设备点检。

（7）按照生产单位的技术条件、设备条件和各种操作规程及技术经济指标考核要求，完成烧结混合料的准备。

（8）完成原料工仿真操作。

实训项目4　混合料烧结

实训目的与要求：

(1) 能正确进行烧结机布料操作与点火操作；

(2) 准确控制烧结风量、负压、料层厚度、机速和烧结终点；

(3) 掌握强化烧结过程的途径，了解烧结新技术；

(4) 掌握烧结技术的节能措施。

考核内容：

(1) 能够描述烧结系统的工艺流程、设备组成和结构；

(2) 具备综合应用混合料生产烧结矿的能力；

(3) 能够目测判断出混合料的水分、制粒；点火质量、点火温度；机尾断面的状态；

(4) 烧结过程风量、负压、烧结终点等的判断与控制；

(5) 能判断、分析烧结系统常见的异常情况，并能正确的处置。

实训内容：

(1) 布料、点火、烧结设备的组成和结构，按规程操作设备；

(2) 配料方案调整和实施；

(3) 烧结作业的操作、判断、调整及控制（烧结终点、布料、点火、烧结料水碳和透气性、负压、氧化亚铁、返矿、风量等）；

(4) 判断、分析烧结系统生产设备常见异常情况，并能正确的处置；

(5) 目测判断出混合料的水分、制粒；点火质量、点火温度；机尾断面的状态。

4.1　基本理论

4.1.1　混合料烧结工艺过程

4.1.1.1　布料

布料作业是指将铺底料及混合料铺在烧结机台车上的操作。它通过设在机头上的布料器来完成。

A　铺底料

在铺混合料之前，首先往烧结机台车的箅条上铺一层 20～40mm 厚、粒度约 10～25mm 的冷烧结矿（或较粗的基本不含燃料的烧结料），称为铺底料。其目的是保护炉箅，降低除尘负荷，延长风机转子寿命，减少或消除炉箅粘料。

铺底料的方法：一是从成品冷烧结矿中筛分出 10～25mm 粒度级（或相近似的粒度范围）的矿石，分出一部分作为铺底料，通过皮带运输系统送到混合料仓前专设的铺底料贮矿槽，再经单独的布料系统布到台车上。二是利用混合料产生自然偏析而获得铺底料。此法是在烧结机布料时，混合料通过圆辊布料机卸到反射板上，料中较粗的颗粒以较大的速度滚下，布于台车的最下层，起到铺底料的作用。但靠自然偏析所得的铺底料中，仍含有较多的粉末和燃料，烧坏炉箅的情况较严重，也易堵塞箅条间隙，铺底料的作用受到限制。

B　布混合料

布混合料紧接在铺完底料之后进行。台车上布料工作的好坏，直接影响烧结矿的产量和质量。合理地均匀布料是烧结生产的基本要求。布料作业应满足以下几个方面：

（1）布料应连续供给，防止中断，保持料层厚度一定。

（2）按规定的料层厚度，使混合料的粒度、化学成分及水分等沿台车长度和宽度方向皆均匀分布，料面应平整，保证烧结料具有均一的良好的透气性；应使料面无大的波浪和拉沟现象，特别是在台车挡板附近，避免因布料不满而形成斜坡，加重气流的边缘效应，造成风的不合理分布和浪费。

（3）使混合料粒度、成分沿料层高度方向分布合理，能适应烧结过程的内在规律。最理想的布料应是：自上而下粒度逐渐变粗，含碳量逐渐减少，从而有利于增加料层透气性和上下部烧结矿质量的均匀。双层布料的方法就是据此而提出来的。采用一般布料方法时，只要合理控制反射板上料的堆积高度，有助于产生自然偏析，也能收到一定效果。

（4）保证布到台车上的料具有一定的松散性，防止产生堆积和压紧。但在烧结疏松多孔、粒度粗大、堆积密度小的烧结料，如褐铁矿粉、锰矿粉和高碱度烧结矿时，可适当压料，以免透气性过好，烧结和冷却速度过快而影响成型条件和强度。

布料的均匀合理性，既受混合料缓冲料槽内料位高度、料的分布状态、混合料水分、粒度组成和各组分堆积密度差异的影响，又与布料方式密切相关。

当缓冲料槽内料面平坦而料位高度随时波动时，因物料出口压力变化，使布于台车上的料时多时少，若混合料水分也发生大的波动，这种状况更为突出，结果沿烧结机长度方向形成波浪形料面；当混合料是定点卸于缓冲料槽形成堆尖时，则因堆尖处料多且细，四周料少且粗，不仅加重纵向布料的不均匀性，也使台车宽度方向布料不均。在料层高度方向，因混合料中不同组分的粒度和堆积密度有差异，以及水分的变化，布料操作的影响，会产生粒度、成分偏析，从而使烧结矿沿料层高度方向成分和质量产生较大差异。

为了克服和减轻不良影响，实现较理想布料，应改进布料操作和方式。首先，要保持缓冲料槽内料位高度稳定和料面平坦。一般要求保持料槽内料面高度有 1/2～2/3 的料槽高。

在布料方式上，普遍采用的有圆辊布料机—反射板、梭式布料机—圆辊布料机—反射板两种。梭式布料机把向缓冲料槽的定点给料变为沿宽度方向的往复式直线给料，消除料槽中料面的不平和粒度偏析现象，从而大大改善台车宽度方向布料的不均匀性。生产实践证明，使用梭式布料后，能大大改善布料质量和使烧结矿成分均匀。

厚料层烧结时，在反射板前安装一松料器（埋置于料层中），使下滑物料在松料器上受到阻挡，减轻料层的压实程度，对改善透气性有良好作用。

4.1.1.2　点火

点火操作是对台车上的料层表面进行点燃，并使之燃烧。

烧结过程是从台车上混合料表层的燃料点火开始的。点火的目的是供给足够的热量，将表层混合料中的固体燃料点燃，并在抽风的作用下继续往下燃烧产生高温，使烧结过程自上而下进行；同时，向烧结料层表面补充一定热量，以利于表层产生熔融液相而黏结成具有一定强度的烧结矿。所以，点火的好坏直接影响烧结过程的正常进行和烧结矿质量。为此，烧结点火应满足如下要求：有足够高的点火温度，有一定的高温保持时间，适宜的点火真空度，点火废气的含氧量应充足，并且沿台车宽度点火要均匀。

A　点火温度

点火温度既影响表层烧结矿强度，还关系到烧结过程能否正常进行。实际生产中常将点火温度控制在 1050 ~ 1250℃。点火温度高低常由以下因素所决定：

（1）点火温度取决于将表层的碳点着，使下层碳能正常燃烧。

（2）现代烧结不要求表层产生熔融液相而形成烧结矿，因为即使形成了烧结矿也由于冷却速度过快，大部分是玻璃体黏结，强度很差。

B　点火时间

在一定的点火温度下，为了保证表面料层有足够的热量使烧结过程正常进行，还需要足够的点火时间，一般为 40 ~ 60s 左右。点火时间取决于点火器的长度和台车移动速度。生产中，点火器长度已定，实际点火时间受机速变动的影响。在采取强化烧结过程，加快烧结速度的情况下，点火时间往往不足，此时，可提高点火温度或延长点火器长度加以弥补。

为了改进点火工作，往往采用延长点火器长度，增设保温段的方法，使点火时间延长，也使点火更趋于均匀，并有保温作用。烧结料表层温度水平增高，受高温作用时间较长，可以获得充足的热量，有利于表层粉料固结，提高表层烧结矿强度和成品率。这种方法在料层较薄时有很好的作用。

在不采取其他加热措施（如热风烧结）条件下，表层烧结温度水平和热量在极大程度上是受点火制度影响的。在生产熔剂性烧结矿时，因为料层透气性好、机速快及石灰石分解耗热，所以适当提高点火温度和增加供热强度（6% ~ 10%），对改善烧结矿强度是有利的。

C　点火深度

为了使点火热量都进入料层集中于表层一定厚度内，更好地完成点火作业，并促使表层烧结料熔融结块，必须保证有足够的点火深度，通常应达到 30 ~ 40mm，实际点火深度主要受料层透气性的影响，也与点火器下的抽风负压有关。料层透气性好，抽风真空度适当高，点火深度就增加，对烧结是有利的。

D　点火真空度

点火真空度指机头第一风箱内的负压。若点火真空度过高，会使冷空气从点火器四周的下沿大量吸入，导致点火温度降低和料面点火不均匀，以至台车两侧点不燃，另外表面料层也随空气的强烈吸入而紧密，降低了料层的透气性。同时，过高的真空度还会增加煤气消耗量。真空度过低，抽力不足，又会使点火器内燃烧产物向外喷出，不能全部抽入料层，造成热量损失，恶化操作环境，且容易使台车侧挡板变形和烧坏，增大有害漏风，降低台车的寿命。因此，点火器下抽风箱的真空度必须要能灵活调节控制，使抽力与点火废气量基本保持平衡。点火真空度一般在 4 ~ 6kPa。

4.1.1.3　烧结

混合料的烧结是烧结工艺中最关键的环节，在点火后直至烧结终了整个过程中，烧结料层中不断发生变化。为了使烧结过程正常进行，获得最好的生产指标，准确控制烧结的风量、真空度、料层厚度、机速和烧结终点是很重要的。

A　烧结风量和负压

单位烧结面积的风量大小，是决定产量高低的主要因素。当其他条件一定时，烧结机的产量与料层的垂直烧结速度成正比，而通过料层的风量越大则烧结速度越快。所以产量随风量的增加而提高。烧结风量一般为 1t 烧结矿需风量为 3200m³ 或按烧结面积计算为 70 ~ 90m³/(cm²·min)。

风量过大，烧结速度过快，将降低烧结矿的成品率。这是因为风量过大，造成燃烧层的快速推移，混合料各组分没有足够时间互相黏结在一起，往往只是表面的黏结，生产量很高时，甚至有部分矿石其原始矿物组成也没有改变，结果烧结矿强度降低，细粒级增多。另外，由于风量增加，冷却速度加快也会引起烧结矿强度降低。

抽风烧结过程是在负压状态下进行的，为了克服料层对气流的阻力，以获得所需的风量，料层下必须保持一定的真空度。在料层透气性和有害漏风一定的情况下，抽风箱内能造成的真空度高，抽过料层的风量就大，对烧结是有利的。所以，为强化烧结过程，都选配较大风量和较高负压风机。

真空度的大小决定于风机的能力、抽风系统的阻力、料层的透气性及漏风损失的情况。当风机能力确定后，真空度的变化是判断烧结过程的一种依据。正常情况下，各风箱有一个相适应的真空度，如真空度出现反常情况，则表明烧结抽风系统出了问题。当真空度反常地下降时，可能发生了跑料、漏料、漏风现象，或者风机转子被严重磨损，管道被堵塞等；当真空度反常地上升时，可能是返矿质量变差、混合料粒度变小、烧结料压得过紧、含碳含水波动、点火温度过高以致表层过熔等。据此可进一步检查证实，采取相应措施进行调整，以保证烧结过程的正常进行。

随着烧结过程往下推移，料层的透气性和物料状态不断变化。因此，生产过程中对各风箱风量的控制是不一样的，以保证混合料烧透烧好。对风量和真空度的控制是通过调节抽风机室各集气支管上的蝶阀来实现的。

B　料层厚度与机速

料层厚度直接影响烧结矿的产量、质量和固体燃料消耗。一般说来，料层薄，机速快，生产率高。但表层强度差的烧结矿数量相对增加，使烧结矿的平均强度降低，返矿和粉末增加，同时还会削弱料层的"自动蓄热作用"，增加固体燃料用量，使烧结矿的 FeO 含量增高，还原性变坏。采用厚料层操作时，烧结过程热量利用较好，可以减少燃料用量，降低烧结矿 FeO 含量，改善还原性。同时，强度差的表层矿数量相对减少，利于提高烧结矿的平均强度和成品率。但随着料层厚度增加，料层阻力增大，烧结速度有所降低，产量有所下降。合适的料层厚度，应将高产优质结合起来考虑，根据烧结料层透气性和风机能力加以选定。国内一般采用料层厚度为 250 ~ 500mm。在不断改善烧结料层透气性的基础上，增加料层厚度，应是努力的方向。实践表明，采用厚料层、高负压、大风量三结合的操作方法，是实现高产优质的有效措施。

在烧结过程中，机速对烧结矿的产量和质量影响很大。机速过快，烧结时间过短，导致烧结料不能完全烧结，返矿增多，烧结矿强度变差，成品率降低；机速过慢，则不能充分发挥烧结机的生产能力，并使料层表面过熔，烧结矿 FeO 含量增高，还原性变差。为此，应根据料层的透气性选择合适的机速。合适的机速应当是在一定的烧结条件下保证能在预定的烧结终点，烧好烧透。影响机速的因素很多，如混合料粒度变细，水分过高或过低，返矿数量减少及质量变坏，混合料成球性差，点火煤气不足，漏风损失增大等，就需要降低机速，延长点火时间，来保证烧结矿在预定终点烧好。在实际生产操作中，机速一般控制在 1.5 ~ 4m/min 为宜。为了稳定烧结操作，要求调整间隔时间不能低于 10min，每次机速调整的范围不能高于 ±0.5m/min。

4.1.2　烧结过程中料层沿高度的变化

带式烧结机抽风烧结过程是自上而下进行的，沿其料层高度温度变化的情况一般可分为五层。点火开始以后，依次出现烧结矿层、燃烧层、预热层、干燥层和过湿层。这些反应层随着烧结过程的发展而逐步下移，在到达炉箅后才依次消失，最后只剩下烧结矿层。

4.1.2.1　烧结矿层

在烧结料中燃料燃烧放出大量热量的作用下，混合料中的脉石和部分含铁矿物在固相下形成低熔点的矿物，在温度提高后熔融成液相。随着燃烧层的下移及冷空气的通过，物料温度逐渐下降，熔融液相被冷却凝固成网孔结构的烧结矿。高温熔体在凝固过程中进行结晶，析出新矿物。烧结矿层透气性较混合料好，因此，烧结矿层的逐渐增厚使整个料层的透气性变好，真空度变低。

烧结矿层的主要变化是，高温熔融物凝固成烧结矿，伴随着结晶和析出新矿物。同时，抽入的空气被预热，烧结矿被冷却，与空气接触的低价氧化物可能被再氧化。

4.1.2.2　燃烧层

燃烧层又称高温带，该层燃料激烈燃烧，产生大量的热量，使烧结料层温度升高，部分烧结料熔化成液态熔体。燃烧层温度一般为 1300 ~ 1500℃，该层厚度为 15 ~ 50mm，其厚度决定于燃料用量、粒度和通过的空气量。由于熔融物液相对空气穿透阻力很大，所以，为强化烧结过程，设法减薄该层厚度。

燃烧层是烧结过程中温度最高的区域。这里除碳的燃烧、部分烧结料熔化外，还伴随着碳酸盐的分解，硫化物和磁铁矿的氧化，部分赤铁矿的热分解、还原等。燃料燃烧和上部下来的空气显热一起产生的热量，将烧结料加热到一定温度，同时供给下层料热的气体。

烧结料层中的燃烧特点：一是料层中燃料较少而分散，按质量计燃料只占总料重3%~5%，按体积计不到总体积的10%；小颗粒的炭分布于大量矿粒和熔剂之中，致使空气和炭接触比较困难，为了保证完全燃烧需要较大的空气过剩系数（通常为1.4~1.5）。二是燃料燃烧从料层上部向下部迁移，料层中热交换集中，燃烧速度快，燃烧层温度高。并且燃烧带较窄（15~50mm），料层中既存在氧化区又存在还原区，炭粒表面附近CO浓度高、O_2及CO_2浓度低；同时铁的氧化物参与了氧化还原反应，燃烧废气离开料层时还存在着自由氧等，这些燃烧特点，决定着料层的气氛；而不同的气氛组成对烧结过程将产生很大的影响。

4.1.2.3　预热层

由燃烧层下来的高温废气，把下部混合料很快预热到着火温度，一般为400~800℃。其预热层与燃烧层紧密相连，厚度较薄，一般为20~40mm。

此层内开始发生碳酸盐的分解、硫化物的分解，着火氧化、结晶水分解、燃料中挥发物的分解和固体炭的着火、部分低价铁氧化物的氧化，以及组分间的固相反应。

4.1.2.4　干燥层

干燥层受预热层下来的废气加热，温度很快上升到100℃以上，混合料中的游离水大量蒸发，此层厚度一般为10~30mm。

实际上干燥层与预热层难以截然分开，可以统称为干燥预热层。干燥层虽然很薄，但由于水分激烈蒸发，成球性差的物料团粒易被破坏，使整个料层透气性变差。

4.1.2.5　过湿层

从烧结开始，通过烧结料层中的气体含水量就开始逐渐增加，这是因为点火后部分烧结料所蒸发的水汽进入气流中。当下部烧结料温度低于露点温度（一般为60~65℃）时，气流中的水汽冷凝。因此，这部分的烧结料含水量就超过了原始水分而出现了过湿现象，所以这一区域称为过湿层，它位于干燥层之下。

在过湿层中，冷凝水充塞在料粒之间的空隙中使料层过湿，增加了气流阻力，而且过湿现象会破坏下部料层松散的小料球，过湿严重时甚至会变成糊状，进一步恶化了料层的透气性，影响烧结过程的正常进行。

为了消除或减轻过湿层的不利影响，通过提高混合料温度，使之达到或接近露点温度，改善料层透气性，增加产量。

提高混合料温度的主要方法有：

（1）返矿预热。在混合料中加入热返矿，能有效提高混合料温度。据测定热返矿的温度通常在500~600℃左右，在1~2mm内，能将混合料加热到55~65℃或更高，可基本消除过湿现象。

（2）生石灰预热。在烧结料中配加生石灰，不仅有利于物料成球、提高料球强度和热稳定性，还能提高料温。一般配料时加入 4%~5% 的生石灰，在加水混合时，CaO 消化成 Ca(OH)$_2$ 放出大量热量，若消化热能被完全利用，理论上可提高料温 40~50℃，扣除多加消化水和散热损失的影响，实际可提高料温 10~15℃。

（3）蒸汽预热。在二次混合机内通入蒸汽来预热混合料，是加热混合料的另一个有效的方法。生产实践表明，蒸汽预热效果，随蒸汽压力增加而提高。当蒸汽压力为 0.3~0.4MPa，1t 烧结矿蒸汽消耗量为 20~40kg 时，料温可提高 10~15℃，烧结矿产量可提高 10%~20%。

利用蒸汽预热的优点是既能提高料温，又能进行混合料润湿和水分控制、保持混合料的水分稳定。由于预热是在二次混合机内进行，预热后的混合料即进入烧结机上烧结，因此热量的损失较小。

（4）热空气或热废气预热。利用热烧结矿的热废气预热，将 250~300℃ 废气从箅条下自下而上吹入料层。1min 后下部料层温度可升到 60℃，并因热风向上吹松了料层，改善了透气性，因此产量提高了 25%~30%。

4.1.3　烧结过程中的基本化学反应

4.1.3.1　固体炭的燃烧反应

$$C + O_2 = CO_2 + 33034kJ/kg$$
$$2C + O_2 = 2CO + 9797kJ/kg$$
$$CO_2 + C = 2CO - 13816kJ/kg$$
$$2CO + O_2 = 2CO_2 + 23614kJ/kg$$

反应后生成 CO 和 CO$_2$，还有部分剩余氧气，为其他反应提供了氧化还原气体和热量。燃烧产生的废气成分取决于烧结的原料条件、燃料用量、还原和氧化反应的发展程度，以及抽过燃烧层的气体成分等因素。

4.1.3.2　碳酸盐的分解和矿化作用

烧结料中的碳酸盐有 CaCO$_3$、MgCO$_3$、FeCO$_3$、MnCO$_3$ 等，其中以 CaCO$_3$ 为主。在烧结条件下，CaCO$_3$ 在 720℃ 左右开始分解，880℃ 时开始化学沸腾，其他碳酸盐相应的分解温度较低些。

CaCO$_3$ 的分解产物 CaO 与 SiO$_2$、Fe$_2$O$_3$、Al$_2$O$_3$ 等矿化作用分别形成 CaO·SiO$_2$、CaO·Fe$_2$O$_3$、CaO·2Fe$_2$O$_3$、2CaO·Fe$_2$O$_3$、CaO·Al$_2$O$_3$。反应生成新的化合物，使石灰石的开始分解温度降低。

矿化反应式为：
$$CaCO_3 + SiO_2 = CaSiO_3 + CO_2$$
$$CaCO_3 + Fe_2O_3 = CaO·Fe_2O_3 + CO_2$$

其矿化程度与烧结温度、石灰石粒度、矿粉粒度有关。温度越高，粒度越小则矿化程度越高。如果矿化作用不完全，将有残留的自由 CaO 存在，在存放过程中，它将同大气中的水分进行消化作用：CaO + H$_2$O = Ca(OH)$_2$，使烧结矿的体积膨胀而粉化。

4.1.3.3　铁和锰氧化物的分解、还原和氧化

铁的氧化物在烧结条件下，温度高于 1300℃ 时，Fe$_2$O$_3$ 可以分解，其分解反应为：

$$3Fe_2O_3 \mathbin{=\!=\!=} 2Fe_3O_4 + 1/2O_2$$

Fe_3O_4 在烧结条件下分解压很小，但在有 SiO_2 存在、温度大于 1300℃ 时，也可能分解，其反应为：

$$2Fe_3O_4 + 3SiO_2 \mathbin{=\!=\!=} 3(2FeO \cdot SiO_2) + O_2$$

在烧结条件下，FeO 的分解是不可能的。烧结中有少量金属铁出现是铁氧化物被还原的结果。

MnO_2 和 Mn_2O_3 在 1100℃ 具有较大的分解压。因此，在燃烧带是分解的，其反应为：

$$2MnO_2 \mathbin{=\!=\!=} Mn_2O_3 + 1/2O_2$$
$$3Mn_2O_3 \mathbin{=\!=\!=} 2Mn_3O_4 + 1/2O_2$$

烧结料层中由于碳的燃烧，在炭粒周围具有还原气氛，铁氧化物还原是以碳的质点为中心进行的。料层的固体炭及 CO 是很好的还原剂，C、CO 能够夺取铁氧化物中的氧，使其变成低价氧化物或金属铁。铁的三种氧化物 Fe_2O_3、Fe_3O_4、FeO 的还原顺序是从高价氧化物到低价氧化物逐级进行的。

当温度高于 570℃ 时，用 CO 还原铁的各级氧化物反应如下：

$$3Fe_2O_3 + CO \mathbin{=\!=\!=} 2Fe_3O_4 + CO_2 \quad +63011J$$
$$Fe_3O_4 + CO \mathbin{=\!=\!=} 3FeO + CO_2 \quad -22399J$$
$$FeO + CO \mathbin{=\!=\!=} Fe + CO_2 \quad +13188J$$

当温度低于 570℃ 时，由于 FeO 不能稳定存在，Fe_3O_4 被直接还原成金属铁：

$$3Fe_2O_3 + CO \mathbin{=\!=\!=} 2Fe_3O_4 + CO_2 \quad +63011J$$
$$1/4Fe_3O_4 + CO \mathbin{=\!=\!=} 3/4Fe + CO_2 \quad +17165J$$

用 C 作还原剂还原铁的各级氧化物的反应如下：

温度高于 570℃：

$$3Fe_2O_3 + C \mathbin{=\!=\!=} 2Fe_3O_4 + CO \quad -109007J$$
$$Fe_3O_4 + C \mathbin{=\!=\!=} 3FeO + CO \quad -194393J$$
$$FeO + C \mathbin{=\!=\!=} Fe + CO \quad -158805J$$

温度低于 570℃：

$$1/4Fe_3O_4 + C \mathbin{=\!=\!=} 3/4Fe + CO \quad -167702J$$

上述各反应中，用 CO 作还原剂，还原铁的各级氧化物，其气体产物为 CO_2 的称间接还原，间接还原的各反应以放热为主。而用固体炭作还原剂的，其气体产物为 CO 的称直接还原，直接还原均为吸热反应。

Mn_3O_4 的分解压低，分解难，但易被 CO 还原，其还原反应式如下：

$$Mn_3O_4 + CO \mathbin{=\!=\!=} 3MnO + CO_2$$

MnO 在烧结条件下是难还原的物质，与 SiO_2 等组成难还原的硅酸盐。

烧结料层总的气氛是弱氧化性的，特别是远离炭粒的混合料处和在烧结矿冷却过程中，都会发生 Fe_3O_4 和 FeO 的再氧化现象，其反应如下：

$$2Fe_3O_4 + 1/2O_2 \mathbin{=\!=\!=} 3Fe_2O_3$$
$$3FeO + 1/2O_2 \mathbin{=\!=\!=} Fe_3O_4$$

再氧化反应在高温下进行得很快，在温度低时，反应速度减慢其至停止。烧结矿中

Fe_3O_4 和 FeO 的再氧化,提高了烧结矿的还原性,因此在保证烧结矿强度条件下,发展氧化过程是有利的。

在烧结矿含铁相同的情况下,烧结矿含 FeO 越少,则烧结矿的氧化度越高。试验表明,氧化度高,还原度也高。因此,在保证烧结矿强度的条件下,生产高氧化度的烧结矿,对于改善烧结矿还原性也有重要意义。

烧结配料中的燃料用量是影响 FeO 含量的主要因素。随含碳量增加,FeO 增加,还原度降低。原因是燃料增加后,烧结料层中还原气氛增加。因此,控制燃料用量是控制 FeO 的含量的重要措施。

4.1.3.4　硫的去除

烧结料中的硫主要来自矿粉,少量来自燃料。矿粉中的硫以硫化物状态存在为主,如黄铁矿中的 FeS_2,燃料中的硫以有机硫形式存在。

黄铁矿(FeS_2)是铁矿石中经常遇到的也是主要的含硫矿物,它具有较大的分解压,也易于氧化,在空气中加热到 565℃ 时很容易分解出一半的硫,因此,在烧结的条件下,硫是较易去除的。黄铁矿氧化,甚至在更低的温度(280℃)就开始了,当温度低时,从黄铁矿着火(366~437℃)至 565℃ 硫的分解压还较小。在 280~437℃ 温度下,黄铁矿 FeS_2 的氧化(燃烧)反应按下列方程式进行:

$$2FeS_2 + 5\frac{1}{2}O_2 \mathrel{=\!=\!=} Fe_2O_3 + 4SO_2 + 1668900kJ$$

$$3FeS_2 + 8O_2 \mathrel{=\!=\!=} Fe_3O_4 + 6SO_2 + 2380238kJ$$

当温度高于 565℃ 时,黄铁矿分解,其产物 FeS 和 S 同时燃烧,反应式如下:

$$FeS_2 \mathrel{=\!=\!=} FeS + S \qquad -56982kJ$$

$$2FeS + 3\frac{1}{2}O_2 \mathrel{=\!=\!=} Fe_2O_3 + 2SO_2 + 1230961kJ$$

$$3FeS + 5O_2 \mathrel{=\!=\!=} Fe_3O_4 + 3SO_2 + 1723329kJ$$

$$S + O_2 \mathrel{=\!=\!=} SO_2 + 296886kJ$$

$$SO_2 + \frac{1}{2}O_2 \mathrel{=\!=\!=} SO_3$$

燃料中有机硫的着火温度比焦粉低,烧结时多以 SO_2 形式逸出($S_{有机} + O_2 \mathrel{=\!=} SO_2$),但当还原气氛强,温度水平低,扩散条件差时,则有部分有机硫不能去除。

4.1.4　影响烧结矿质量因素

4.1.4.1　烧结原料对烧结矿质量的影响

A　铁矿石的影响

铁矿石的自身特性是决定烧结矿中不同矿物组成的内在因素。铁矿粉的种类、粒度组成、致密性、碱度、化学成分(包括 CaO、MgO、SiO_2 和 Al_2O_3 等)都直接影响烧结矿的矿相组成及分布的均匀性。而且铁矿粉的自身特性是影响铁酸钙生成能力的重要因素。

铁矿石主要为磁铁矿矿石和赤铁矿矿石。磁铁矿烧结要比赤铁矿复杂,这是因为磁铁矿特有的尖晶石结构常固溶不同杂质,而且脉石矿物种类变化也很大。磁铁矿在烧结过程中不能直接与 CaO 作用生成铁酸钙，Fe_3O_4 必须先氧化生成 Fe_2O_3，然后才能与 CaO 作用生成铁酸钙。磁铁矿烧结时，铁酸钙的形成主要在冷却带发生，在燃烧带前 SFCA（是指针状复合铁酸钙，复合铁酸钙中有 SiO_2、Fe_2O_3、CaO 和 Al_2O_3 四种矿物组成）基本不形成，由于冷却时间很短，铁酸钙的生成量是很有限的，烧结矿中最高含量为 30%~35%。赤铁矿在烧结过程中直接与 CaO 作用生成的铁酸钙较早生成液相，温度一般在 1150℃。赤铁矿烧结时，燃烧带迅速形成大量的针状铁酸钙，烧结矿中最终铁酸钙的含量多达50%。而烧结矿中铁酸钙的含量和结晶形态决定着烧结矿的质量，因为铁酸钙有良好的强度和还原性能。

B　SiO_2 含量的影响

当铁矿粉中含有一定数量的 SiO_2 时，在烧结过程中会产生足够数量的液相，作为矿粉晶粒黏结的基础，有利于烧结矿强度的提高。但矿粉中的 SiO_2 含量高时，极易与熔剂中的 CaO 在烧结时形成 $2CaO \cdot SiO_2$，冷却时 $2CaO \cdot SiO_2$ 将发生 $\alpha' \to \gamma$ 型和 $\beta \to \gamma$ 型的晶型转变，由于晶型转变后，密度减小，前者使体积增大 12%，后者使体积增大 10%，结果在烧结矿内引起很大的内应力，从而使得烧结矿强度降低，SiO_2 的含量对铁酸钙的形态起着决定性的作用。当 SiO_2 的含量大于 3% 时，铁酸钙明显地由块状向针状发展。一般认为精矿中的 SiO_2 的含量以 4%~5% 为宜。

C　熔剂的影响

用石灰石、生石灰、白云石作熔剂有利于强化制粒、改善烧结矿的碱度。但是如果石灰石、生石灰、白云石矿化不完全时，在成品矿中会出现白点，从而在烧结矿的储存、运输过程中吸收空气中的水消化生成 $Ca(OH)_2$，体积膨胀，使烧结矿的强度降低，引起烧结矿的粉化。

D　Al_2O_3 对烧结矿质量的影响

Al_2O_3 对烧结矿的低温还原粉化率影响比较大。Al_2O_3 含量高会使黏结相降低，从而降低烧结矿的强度，并且 Al_2O_3 含量高将导致还原过程中所生成的磁铁矿中的应力增大。许多学者认为赤铁矿中的 Al_2O_3 固溶体是造成还原粉化的根源，Al_2O_3 可成倍地集中于玻璃质黏结相内，造成玻璃韧性大大降低，这些都将导致烧结矿的低温还原性能恶化。并且 Al_2O_3 的含量对铁酸钙的生成有一定的影响。通过控制 Al_2O_3/SiO_2 的比值，可以有助于针状铁酸钙的生成。经有关研究发现适宜的 Al_2O_3/SiO_2 的比值为 0.1~0.2 之间。

E　烧结原料粒度的影响

CaO、MgO 的矿化程度与石灰石、矿粉的粒度有关系。有关研究发现：熔剂和矿粉粒度越小，CaO、MgO 的矿化作用越容易完成。铁矿石的不同粒度组成在烧结过程中有不同的烧结行为，矿石粗粒部分因未熔化而在烧结矿中保留下来，矿粒不易熔融黏结，成型条件变坏，使烧结矿强度降低。矿石细粒部分容易熔化而形成黏结相，但矿粉和熔剂的粒度减小，会影响烧结料的透气性。一般认为：矿粉粒度应限制在 8~10mm 以下，对于高碱度烧结矿粉，为有利于铁酸钙系液相的生成，矿粉的粒度应不大于 6~8mm，而生石灰、石灰石、白云石的粒度一般控制在 0~3mm 之间。

4.1.4.2　烧结矿物组成和显微结构对烧结矿质量的影响

烧结矿矿物组成和显微结构是影响烧结矿质量的最根本因素。烧结矿中各组成成分的强度由大到小的顺序为：磁铁矿、赤铁矿、铁酸一钙、铁橄榄石、钙铁橄榄石、铁酸二钙，玻璃质的强度最低。而烧结矿中各组成成分的还原性由大到小的顺序为：赤铁矿、磁铁矿、铁酸钙、钙铁橄榄石和铁橄榄石。因为烧结矿中铁酸一钙的强度和还原性能都比较好，所以现在烧结大力促进铁酸一钙的生成。而玻璃质的强度最低，因此在烧结过程中要阻止玻璃质的生成。

烧结矿显微结构中磁铁矿和赤铁矿的颗粒大小、黏结相矿物组成、显微结构的均匀性都影响着烧结矿的质量。晶粒细小的磁铁矿和赤铁矿与大颗粒的磁铁矿和赤铁矿相比具有更好的还原性能。烧结矿的矿物与黏结相的矿物组成越简单，显微结构越均匀，烧结矿的质量越好。因为烧结矿物组成较复杂时，烧结矿在冷却过程中会受到多种应力的作用而产生裂纹，导致烧结矿破碎，使其强度降低。烧结矿的显微结构一般发展针状铁酸钙，针状铁酸钙有更好的强度和还原性能。经有关研究认为：增强烧结矿强度的物相为熔融型磁铁矿和板状铁酸钙，提高还原性的物相为赤铁矿和针状铁酸钙，提高低温还原粉化率的物相为骸晶状菱形赤铁矿。产生低温还原粉化的主要原因是由于赤铁矿向磁铁矿转变过程中，六方晶系的菱形赤铁矿转变为立方体的磁铁矿时体积增大 $n\%$，导致烧结矿粉化。低温还原粉化还与其结晶形态有关，其中以骸晶状菱形赤铁矿的粉化率最高，一般烧结矿含 $10\% \sim 28\%$ 的 Fe_2O_3 则发生异常粉化。

4.1.5　提高烧结矿质量的措施

4.1.5.1　提高烧结矿碱度

烧结矿碱度的变化，能引起烧结矿矿物组成和显微结构的变化。高碱度烧结矿的矿物组成较少，显微结构一般为熔蚀或共晶结构，其中磁铁矿与黏结相矿物铁酸钙等一起固结，具有良好的强度和还原性能。提高烧结矿的碱度，可以增加烧结矿中铁酸钙的含量、改变烧结矿的显微结构。虽然提高烧结矿碱度后，硅酸二钙有所增加，但在高碱度烧结矿中，硅酸二钙均匀分布在铁酸一钙黏结相中因而 $\beta\text{-}C_2S$ 比较稳定，不易转变成 $\gamma\text{-}C_2S$。高碱度烧结矿还可改善烧结矿的还原性，碱度提高时，磁铁矿矿物晶粒和细针状铁酸钙形成交织结构或网状熔蚀结构，这种结构的晶体相互交叉而形成空隙，提高了烧结矿的还原性。但烧结矿的碱度也不宜过大，因为当碱度过高时，赤铁矿会与过量的 CaO 结合：$Fe_2O_3 + CaO = CaO \cdot Fe_2O_3$。这意味着有赤铁矿还原成磁铁矿，磁铁矿在还原过程中的晶型转变会导致体积膨胀，引起烧结矿粉化。当碱度继续升高，还原性好的铁酸钙数量增加，还原反应迅速激烈进行，会导致膨胀应力集中，加剧烧结矿的低温还原粉化。而且高碱度烧结矿容易在烧结矿结构中出现大裂纹，影响烧结矿的强度和低温还原粉化率。

4.1.5.2　适量的 MgO 的含量

适当提高烧结矿中 MgO 含量，除能提高高炉渣的流动性及脱硫能力外，还能够改善烧结矿的风化率和低温还原粉化指标，改善烧结矿的质量。这是因为 MgO 加入烧结料中，Mg^{2+} 在高温时能进入 $2CaO \cdot SiO$ 的晶格以形成固溶体，生成镁硅酸盐矿物，这样的矿物其熔点低，结晶能力强，可阻止 $\beta\text{-}C_2S$ 在低温时向 $\gamma\text{-}C_2S$ 发生相转变，还可抑制其相变时产生的裂纹。同时，随着烧结矿 MgO 含量的升高，抑制了 Fe_3O_4 在冷却过程中再氧化生成 Fe_2O_3，因此提高 MgO 的含量可以减轻或防止烧结矿粉化，提高烧结矿强度。但加入过多的 MgO 含量，将改变烧结矿的矿相结构，降低强度较高的铁酸钙的含量，并生成复杂的化合物，伴随着有裂纹产生，导致烧结矿的强度降低、低温还原粉化率升高。

4.1.5.3　添加含硼物质

添加含硼物质，有利于 Ca^{2+} 向 Fe_2O_3 中扩散，使得铁酸钙的含量增多，硅酸二钙的含量减少。

4.1.5.4　添加氧化催化剂

添加氧化催化剂的目的是促进针状铁酸钙生成。氧化催化剂是一种易溶于水的有机盐。试验时以水溶液形式加入到配合料中，然后通过混匀制粒，使氧化催化剂均匀包裹在矿粒和燃料颗粒表面。这种氧化催化剂受热分解成活性组分，充当氧的活性载体，促使氧气从气相中向矿粒表面扩散，加快磁铁矿的氧化。另一方面氧化催化剂可以降低燃料开始热解温度和着火温度，提高燃料燃烧效率，降低固体燃料消耗，有利于磁铁矿的氧化，加快铁酸钙的生成。通过有关试验表明添加氧化催化剂的含氟精矿磁铁矿比不加催化剂的氧化速度快 10% 左右，有关矿相鉴定结果也表明氧化催化剂对生成铁酸钙有很好的效果。

4.2　主要设备

4.2.1　布料设备

烧结机上布料是否均匀，直接关系到烧结矿或球团矿的产量与质量，布料成为生产中的主要问题之一。布料设备应用较广泛的是圆辊布料机、联合布料机两种。

4.2.1.1　圆辊布料机

圆辊布料机又称泥辊，可单独用于烧结机的布料。图 4-1 为烧结机用圆辊布料机布料示意图。给料量的大小由圆辊转速及闸门来控制。

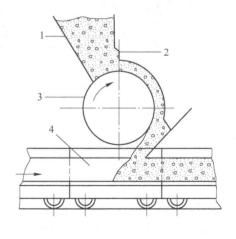

图 4-1　圆辊布料机
1—小矿槽；2—闸门；3—圆辊；4—台车

圆辊的宽度和烧结机宽度相等，当圆辊旋转时，其上各点速度相同，因而能做到沿烧结机宽度上均匀布料。这种布料机的优点是工艺流程简单，设备运行可靠，但下料量受贮料槽中料面波动的影响大，沿台车宽度方向布料的不均匀性难以克服，台车越宽，偏差越大，缺点是布料的均匀程度受料槽中料面的高度和形状影响。

4.2.1.2　联合布料机

联合布料机由梭式布料机与圆辊布料机组成。在圆辊布料机料槽的上方增设一台往复运动的皮带机即梭式布料机，如图4-2所示。混合料不是直接卸入料槽，而是经梭式布料机均匀布于料槽中，使槽内料面平整，做到布料均匀。

联合布料机最大的优点是布料均匀，对于台车较宽的大型烧结机，效果尤为明显。当梭式布料机停转时，料面高度相差悬殊。当其运转后，料面高度基本稳定。料层透气性好，烧结机机速可加快，产量提高了3.4%，烧结矿质量均匀。

一般将梭式布料机放置在二次混料机下，与混合料机在同一台面，可减少设备故障，提高运转率。

混合料由圆辊布料机经反射板布于台车上，反射板经常粘料，造成混合料沿台车宽度方向布料偏析，影响烧结正常生产。现一般烧结厂都已改造成由几个辊子组成的布料辊，以代替反射板布料，如图4-3所示。布料辊的转速都相同，则相邻两辊靠近处运动方向相反，借以消除混合料粘辊现象。

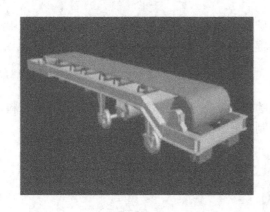　　　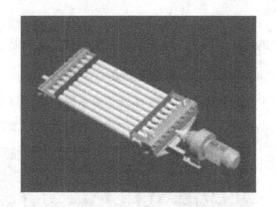

图4-2　梭式布料机　　　　　　　图4-3　布料辊代替反射板

布料作业的好坏严重影响烧结生产的产量和质量，国内外都在积极研究改进布料的措施。如在反射板下面，料层的中部水平方向装一排直径约40mm的钢管，间距200mm左右，铺料时把钢管埋上，台车行走时钢管从料层中退出，在台车中形成一排松散的条带。有的向钢管里吹压缩空气，根据压力变化预测料层的透气性，作为调整机速和料层厚度的信号。也有用一条小皮带机代替反射板，如图4-4所示，皮带与落料方向反向运行，在传动轮上设有清扫器。这样布料对混合料有疏松作用，布料也比反射板均匀。还有由溜槽、布料圆筒组合而成，如图4-5所示。流槽底部做成两层，并与空气管道相通，槽壁是阶梯状并有间隙，能使混合料布料均匀和改善料层透气性。

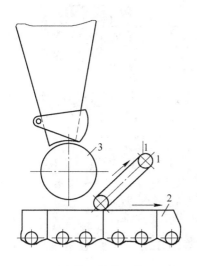

图 4-4 用皮带机代替反射板示意图

1—皮带机；2—台车；3—圆辊布料器

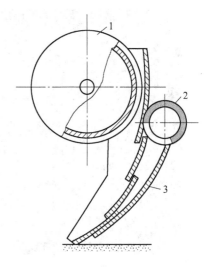

图 4-5 用溜槽代替反射板所示图

1—布料圆筒；2—空气管道；3—溜槽

4.2.2 带式烧结机

带式烧结机由烧结机本体和布料器、点火器、抽风除尘设备等组成，图 4-6 为烧结机示意图。烧结机有效面积 = 风箱宽度 × 长度，随着烧结技术的进步，国内烧结机将逐步淘汰小型烧结机，如 $13m^2$、$18m^2$ 甚至 $24m^2$、$36m^2$，取而代之的是 $180m^2$、$265m^2$、$360m^2$、$450m^2$ 等烧结机。

4.2.2.1 烧结机本体

烧结机本体主要包括：传动装置、台车、真空箱、密封装置。

A 传动装置

烧结机的传动装置，主要靠机头链轮（驱动轮）将台车由下部轨道经机头弯道，运到上部水平轨道，并推动前面台车向机尾方向移动。如图 4-7 所示，链轮与台车的内侧滚轮相啮合，一方面台车能上升或下降，另一方面台车能沿轨道回转。台车车轮间距 a、相邻两台车的轮距 b 和链轮的节距 c 之间的关系是 $a = c$，$a > b$。从链轮与滚轮开始啮合时起，相邻的台车之间便开始产生一个间隙，在上升及下降过程中，保持相当于 $a - b$ 的间隙，从而避免台车之间摩擦和冲击造成的损失和变形。从链轮与滚轮开始分离时起，间隙开始缩小，由于台车车轮沿着与链轮回转半径无关的轨道回转，因此，相邻台车运动到上下平行位置时，间隙消失，台车就一个紧挨着一个运动。

烧结机头部的驱动装置由电动机、减速机、齿轮传动和链轮等部分组成，机尾链轮为从动轮，与机头大小形状都相同，安装在可沿烧结机长度方向运动的并可自动调节的移动架上，如图 4-8 所示。首尾弯道为曲率半径不等的弧形曲线，使台车在转弯后先摆平，再靠紧直线轨道的台车，以防止台车碰撞和磨损。移动架（或摆动架）既解决台车的热膨胀问题，也消除台车之间的冲击及台车尾部的散料现象，大大减少了漏风。

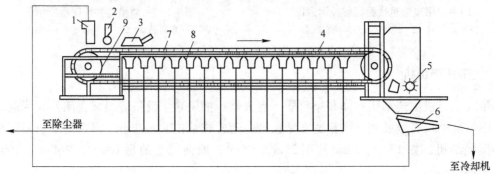

图 4-6　烧结机示意图

1—铺底料布料器；2—混合料布料器；3—点火器；4—烧结机；5—单辊破碎机；
6—热矿筛；7—台车；8—真空箱；9—机头链轮

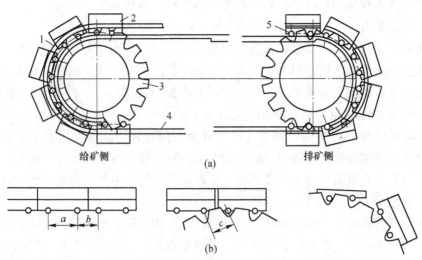

图 4-7　台车运动简图

(a) 台车运动状态；(b) 台车尾部链运动状态

1—弯道；2—台车；3—链轮；4—导轨；5—滚轮

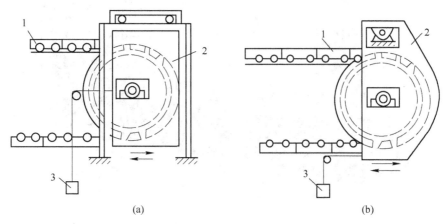

图 4-8　尾部可动结构
（a）水平移动式尾部框架；（b）摆动式尾部框架
1—台车；2—移（摆）动架；3—平衡锤

旧式烧结机尾部多是固定的，为了调整台车的热膨胀，在烧结机尾部弯道开始处，台车之间形成一断开处，间隙为 200mm 左右，此种结构由于台车靠自重落到回车道上，彼此之间因冲击而发生变形，造成台车端部损坏，不能紧靠在一起，增加漏风损失；同时使部分烧结矿从断开处落下，还需增设专门漏斗以排出落下的烧结矿。

B　台车

带式烧结机是由许多台车组成的一个封闭式的烧结带，台车是烧结机的重要组成部分。它直接承受装料、点火、抽风、烧结直至机尾卸料，完成烧结作业。烧结机有效烧结面积是台车的宽度与烧结机有效长度的乘积，一般的长宽比为 12~20。

台车由车架、挡板、滚轮、箅条和活动滑板（上滑板）五部分组成。图 4-9 为国产 75m^2 烧结机台车。台车铸成两半，由螺栓连接。台车滚轮内装有滚柱轴承，台车两侧装有挡板，车架上铺有三排单体箅条，箅条间隙 6mm 左右，箅条的有效抽风面积一般为 12%~15%。

在烧结过程中，台车在倒数第二个（或第三个）风箱处，废气温度达到最高值，在返回下轨道时温度下降。所以台车在整个工作过程中，既要承受本身的自重、箅条的重力、烧结矿的重力及抽风负压的作用，又要受到长时间反复升降温度的作用，台车的温度通常在 200~500℃ 之间变化，将产生很大的热疲劳。因此，要求台车车架强度好，受热不易变形，箅条形式合理，使气流通过阻力小，保证抽风面积大，强度高，耐热耐腐。

台车寿命主要取决于台车车架的寿命。据分析台车的损坏主要由于热循环变化，以及与燃烧物接触而引起的裂纹与变形。此外还有高温气流的烧损，所以台车材质一般采用可焊铸铁或钢中加入少量的锰铬等。

由于烧结机大型化，台车宽度不断加大，防止台车"塌腰"已成为突出的问题。为解决这个问题，从改善台车的受热条件出发，减少箅条传给台车车体的热量，在台车车架横梁与箅条之间装上绝热片，如图 4-10 所示。绝热片与横梁间还留有 3~5mm 的空气层。安装铸铁类材料的绝热片后，可使台车温度降低 150~200℃，从而降低由于温差引起的热应力。

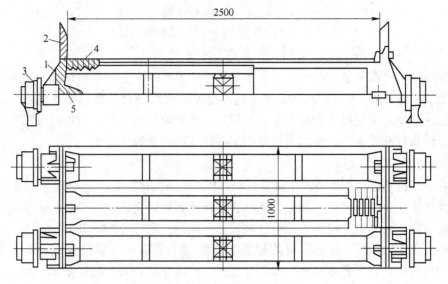

图 4-9　烧结机台车
1—车架；2—拦板；3—滚轮；4—箅条；5—滑板

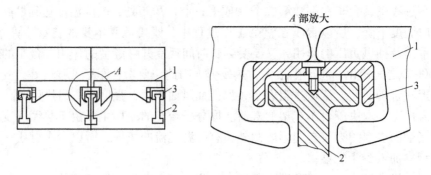

图 4-10　绝热片
1—箅条；2—台车；3—绝热片

　　每一台车安有四个转动的车轮（滚轮），轮子轴使用压下法将轴装在车体上。车轮一般采用滚动轴承。轴承的使用期限是台车轮寿命的关键，其使用期限一般较短，主要原因是使用一段时间后，车轮的润滑脂被污染及流出，使阻力增大磨损加剧，现在用滑动轴承代替滚动轴承。

台车底是由算条排列于台车架的横梁上构成的。算条的寿命和形状对生产的影响很大。一般要求算条材质能够经受住激烈的温度变化，能抗高温氧化，具有足够的机械强度。铸造算条的材质主要是铸钢、铸铁、铬镍合金钢等。使用普通材质算条一般都短而宽，这种算条减少有效通风面积。目前算条是向长、窄、材质好的方向发展，这对烧结生产有利。算条的形状如图 4-11 所示，对烧结生产有影响。

图 4-11　算条

C　真空箱

真空箱装在烧结机工作部分的台车下面。风箱用导气管（支管）同总管连接，其间设有调节废气流的蝶阀。真空箱的个数和尺寸取决于烧结机的尺寸和构造。

D　密封装置

台车与真空箱之间的密封装置是烧结机的重要组成部分。运行台车与固定真空箱之间的密封程度好坏，影响烧结机的生产率及能耗。风箱与台车之间的漏风大多发生在头尾部分，而中间部分较少。

烧结机现多采用弹簧密封装置。它是借助弹簧的作用实现密封的。根据安装方式的不同分为上动式和下动式两种。

（1）上动式如图 4-12（b）所示。上动式密封就是把弹簧滑板，装在台车上，而风箱上的滑板是固定的，如图 4-13 所示。在滑板与台车之间放有弹簧，靠弹簧的弹力使台车上的滑板与风箱上的滑板紧密接触，保证风箱与大气隔绝。当某一台弹性滑板失去密封作用时，可以及时更换台车，因此，使用该种密封装置可以提高烧结机的密封性和作业率。

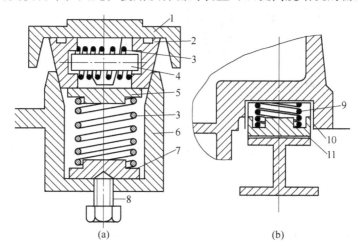

图 4-12　弹压式密封

（a）下动式；（b）上动式

1—弹性滑板；2—游动板；3，9—弹簧；4—固定销；5—上垫；
6—弹簧槽；7—下垫；8—调整螺丝；10—游板槽；11—游板

（2）下动式如图 4-12（a）所示。下动式密封是把弹簧装在真空箱上，利用金属弹簧产生的弹力使滑道与台车滑板之间压紧。

烧结机首、尾风箱的密封，是防止漏风的重要环节。新型烧结机采用四连杆重锤式密封衬板石棉挠性密封装置，如图 4-14 所示。机头设 1 组，机尾设 1～2 组，密封板由于重锤作用向上抬起，与台车横梁下部接触。密封装置与风箱之间采用挠性石棉板等密封，可进一步提高密封效果。这种靠重锤和杠杆作用浮动支承的方式，由于克服了金属弹簧因疲劳而失去弹性的缺陷，从而避免了台车与密封板的碰撞，比弹性密封效果好。也有的工厂在机尾风箱两端加一个"死风箱"充填石棉水泥，使台车底面与充填物接触来达到密封目的。

图 4-13　弹性滑板

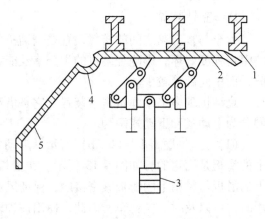

图 4-14　连杆重锤式密封
1—台车；2—浮动密封板；3—配重；
4—挠性石棉密封板；5—风箱

4.2.2.2　点火器

点火器布置在第一真空箱的上方。它供给烧结料面一定的热量和温度，保证点火后烧结过程在抽风作用下自动向下进行。点火器的工作应满足如下要求：

（1）选用燃料的燃烧温度能够达到 1250℃ 左右；

（2）燃料运输及燃烧操作方便；

（3）便于实现燃料过程的自动调节。

按点火所用燃料的不同，点火器分为气体、液体和固体三种形式。气体燃料点火器使用很普通，它轻便，燃料便于运输，设备简单可靠，燃气和空气可以充分混合，燃烧充分，没有灰分，成本较低，劳动条件好，便于实现自动控制等。点火用气体燃料有高炉煤气、焦炉煤气、天然气等，以焦炉煤气和天然气最好，实际生产中常用焦炉煤气或天然气与高炉煤气配成混合煤气。气体燃料点火器如图 4-15 所示。

气体燃料点火器外壳为钢结构，设有水冷装置，内砌耐火砖，在耐火砖和外壳之间充

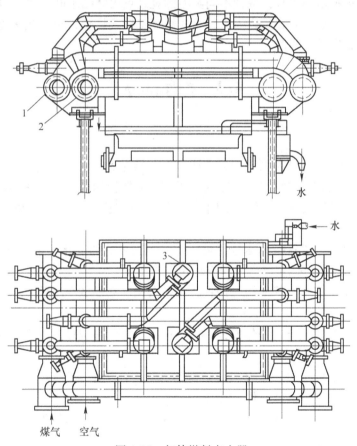

图 4-15　气体燃料点火器

1—煤气管；2—空气管；3—烧嘴

填绝热材料。点火器顶部装有两排喷嘴，喷嘴设置个数依烧结机大小而定且应保证混合料点火温度均匀。点火器拱顶净空高度应保证火焰燃烧和利于拱顶维护，点火器宽度要略大于台车宽度，以保证台车两侧混合料能均匀点火。点火器长度由台车速度和工艺要求的点火时间确定，必须保证台车在最大运行速度下，点火时间不少于 0.5min。点火器燃烧产生的废气量要与下面风箱的抽风能力相适应。废气量过大，会造成外喷，烧坏设备；废气量过小，冷空气会被大量吸入，降低料面的点火温度，影响烧结过程正常运行。

目前国内外有延长点火器或进行二次点火的措施，有利于提高烧结矿的产量和质量，还增加保温段。即一段点火，温度为 1250～1300℃；第二段加热，温度为 600～900℃；第三段保温，把冷却机前几个风箱和烧结机后面几个风箱的热废气（300～400℃），回收送到保温段。同时为了让台车上的混合料沿纵横向都烧得均匀，还采取了其他一些措施。如为了避免冷风吸入点火器下面，而造成靠台车边板上层混合料烧不好，在台车上、下边板之间装上钢板，点火器两侧装有落棒，钢板与落棒接触达到密封目的。有的在台车出点火器后的部位上装两个倾斜辊，把靠台车边板的混合料外压，以消除点火后因烧结物料收缩而在边板与混合料之间形成的缝隙。采用这些措施后，成品率达 70% 以上，烧结矿强度与还原性都有改善。

随着烧结点火技术的进步，各种不同类型的烧结点火烧嘴不断产生，烧结点火能耗大幅度下降，有煤气—煤粉混烧式烧嘴、长缝式烧嘴、线式烧嘴，长柱式多缝烧嘴、线型组合式多孔烧嘴、幕帘式烧嘴等。

4.3　操作部分

4.3.1　职责

（1）严格遵守各项规章制度，完成本职工作，确保正常生产。

（2）熟悉工艺流程、烧结机设备性能，了解各系统所控制的设备名称、性能，前后工序之间联系。正确操作设备，组织协调生产，确保完成烧结矿生产指标，满足高炉生产用料。

（3）监视各系统的设备指示信号变化，生产工艺参数的变化，掌握各岗位生产动态，并及时与有关岗位联系，调整操作，保持稳定正常生产。

（4）负责设备的安全正确使用、检查、维护及检修后的试车、验收工作，发现问题及时处理或报告。

（5）认真贯彻烧结生产的操作方针，及时进行信息传递工作，生产出高产、优质、低耗的烧结矿。

（6）负责点火器的点火、止火、烘炉和兼并岗位的设备检查维护等工作。

（7）负责本岗位设备的开、停机操作。

（8）负责突发停电、停水、停煤气、停风等重大事件的紧急处理及一般性事故处理。

4.3.2　操作程序与要求

烧结作业是烧结生产的中心环节，其操作的好坏直接影响烧结矿的产量与质量。烧结生产中要坚持"精心备料、稳定水碳、减少漏风、低碳厚料、烧透筛尽"的技术操作方针，严控"三点"温度（即点火温度、终点温度、总管废气温度），搞好五勤操作（勤检查、勤分析判断、勤联系、勤调整、勤清理），执行巡回检查。

4.3.2.1　烧结机烘炉操作

为了防止新建或检修后的点火器因急剧升温而损坏炉衬,必须进行烘炉操作。烘炉操作的好坏直接影响点火器的寿命。

A　烘炉操作的主要步骤

(1) 对点火器的炉衬、烧嘴及冷却器等设备进行详细全面检查。

(2) 烘炉前做好准备:

1) 准备足够的片材;

2) 用煤气烘炉前应先引煤气(方法和步骤按点火操作规定进行);

3) 通知仪表工做好点火前的仪表准备工作。

(3) 低温区用片材烘炉,高温区用点火器烧嘴烘炉。

(4) 按照烘炉升温时间表和烘炉升温曲线进行烘炉操作。

B　烘炉注意事项

(1) 烘炉升温的原则是升温速度要缓慢,保温时间要长。

(2) 烘炉温度波动范围在 ± 20 ℃ 。

(3) 烘炉温度上升到800℃以上的高温区时,为防止烧坏台车,要继续向前移动台车或低速运转烧结机。

4.3.2.2　布料

原料在烧结机台车上的分布是否均匀,直接关系到烧结过程料层透气性的好坏与烧结矿的产量、质量,它是烧结生产中的主要问题之一。烧结生产中对圆筒布料器的要求是:

(1) 烧结料沿台车宽度上要均匀分布,料面要平整,不拉沟,无空洞,不缺料,更不能跑空台车。台车中间要平整,两边稍高,以克服台车边缘气流透气性过好、烧结过程不能均匀进行的缺陷,发现拉沟及压料要及时调整。

(2) 料层厚度应根据烧结料的透气性加以调整,一般精粉率高时,料层低些,富矿粉多时,料层高些。料层厚度通过调整泥辊转速来控制。比如某厂 $90 \mathrm{m}^2$ 烧结机,泥辊转速的线速度与烧结机的机速等于或接近于3:1。调整幅度大时,可调节泥辊闸门。

(3) 布料厚度按工艺要求确定,不得随意增加或减少。

(4) 压料辊吊挂的高低或轻重,应根据混合料的性质进行调整,若压料辊变形应及时更换。

(5) 反射板的合适角度要根据混合料的性质来选择。角度小时,混合料的冲力小,铺料松散,料层透气性好,上下部坡度均匀,但易粘料,操作费劲,照顾不到即出现拉沟现象。角度大时,混合料的冲力大,料易砸实,影响透气性。

(6) 反射板和圆辊给料机的挂泥要经常清理。

(7) 台车的炉算条应完整无缺,布料后不得有抽空,塌料现象。

布料是否合理可以从点火、机尾断面反映出来,压料严重则点火器火焰往外扑,机尾断面烧不透。拉沟或局部压料时,将使机尾烧结矿断面不整齐。

4.3.2.3　点火器操作

烧结生产常用的是气体燃料点火器，它的主要操作步骤有以下几项。

A　点火前的准备

（1）点火前必须认真检查煤气管道、阀门、法兰是否密封，有无漏气，引导煤气软管连接处是否松动、老化，炉膛内及周围是否有人。末端放散阀是否打开，周围有无明火，检查所有闸阀是否灵活好用。

（2）管道吹扫前，须打开管道中途各闸阀，关闭烧嘴闸阀、中途放散阀，确认末端放散阀打开，使用氮气或蒸汽吹扫，检测合格后，关闭氮气或蒸汽闸阀。

（3）检查冷却水流是否畅通。

（4）由内控工与仪表工联系，做好点火前的仪表准备工作。关闭煤气和空气仪表的阀门。

（5）向煤气管道通蒸汽，打开放散，并进行放水，同时准备好点火工具。

（6）关闭1、2号风箱，然后启动助燃风机。

（7）由内控工与煤气混合站联系，做好送煤气的准备，开始引气时，严禁炉膛周围10m内有明火。

（8）引气时，须打开支管各闸阀，经末端放散5～10min，然后在煤气取样点取样，做爆发试验，中途未发生爆炸认为合格，反之则重做。规定连续做两次合格方可点火，并通知调度叫煤气防护站做爆发试验。

B　点火程序

（1）点火准备完毕后，准备工作完毕后，得到调度或大班长的通知即可点火。开启煤气总管闸阀，关闭总管闸阀旁的放散阀，将空气阀门打开吹净炉内残余的煤气。发现点火器末端排水管处冒出大量蒸汽时，即可打开头道阀门。

（2）打开煤气管道的调节阀和切断阀，调节阀开到适当位置，随即关闭蒸汽，放完水后关闭放水门，并通知仪表工把煤气、空气仪表阀门打开。

（3）在点火器煤气管道末端取样做爆发试验，合格后即可关闭放散管，否则要继续放散，重做爆发试验，直至合格为止。

（4）打开空气调节阀和烧嘴空气阀门吹扫1～2min，然后关闭空气调节阀和烧嘴空气阀门。

（5）将煤气点火管点着后，放进点火器内需要点火的烧嘴下方，开启该烧嘴的煤气阀门，把烧嘴点着，再慢慢开大，同时把该烧嘴的空气阀门打开，使煤气达到完全燃烧，然后按照先开煤气后开空气的原则把其他烧嘴点着。

（6）若煤气点火不着，或点燃后又熄灭时，应关闭该烧嘴的煤气和空气阀门，5min后再行点火。若仍点不着，应详细检查煤气管道翻板角度是否合适，打开放水阀放净残存积水，并打开末端放散阀门再行放散，依前步骤重新做煤气爆发试验，合格后再行点火。

（7）在烧嘴泄漏煤气不能确认的情况下，可用明火进行检查，即在机头台车上将引火物燃着后，开动烧结机，转至点火器内，然后再用煤气点火管点火。

（8）烧结机点火程序为：用高压风机吹扫炉内残余的煤气，关小高压风风量，点燃煤气引火棒，送入炉膛，打开烧嘴，引火烧嘴点燃后，再开启烧嘴闸阀，逐个点燃，待煤气点燃后 2~3min，关闭引火烧嘴闸阀，再关闭末端放散阀，调整合适的煤气、空气比例，进行生产。

C　灭火程序

（1）关小煤气管道流量调节阀，使之达到最小流量，然后关闭点火器烧嘴的空气和煤气阀门。

（2）关闭煤气管道头道阀门后，打开末端放散阀进行放散，通知仪表工关闭仪表阀门，然后打开蒸汽阀门通入蒸汽驱赶残余煤气，残余煤气驱赶完后，关闭蒸汽阀、调节阀和切断阀。

（3）关闭空气管道上的空气调节阀，停止助燃风机送风。

（4）若检查点火器或处理点火器的其他设备需要动火时，应事先办动火手续及堵好盲板。

（5）堵盲板顺序：关好水封，通入蒸汽，打开总管放散阀，待总管放散吹出大量蒸汽后，把残余煤气赶尽，在煤气水封室堵盲板；堵盲板后，关闭总管放散，打开头道、调节阀、切断阀、点火器煤气管道末端放散门，从水封室通蒸汽吹扫，吹通以后，通知煤气防护站取气化验，化验合格方可施工。

D　点火温度控制

（1）调整煤气与空气比例，控制点火温度在适宜的范围，烧结料面为猪肝色，不得有浮尘，既不欠熔，也不过熔。

（2）生产中，必须有人观察炉膛，防止熄火。勤检查、勤观察、勤了解煤气动态，发现煤气总管压力低于 3000Pa，必须停产，防止煤气回火爆炸。

（3）管道如出现堵塞现象，严禁用榔头、铁棍敲打煤气管道及闸阀，注意经常检查煤气设施，发现泄漏等问题及时汇报。检查煤气设施时，必须随身携带便携式 CO 检测器。

国内点火温度常控制在 1050~1250℃，点火温度及煤气空气比例合适时，火焰情况判断温度高低：温度高时，火焰发亮，呈橘黄色；温度适当，火焰呈黄亮色。如空气煤气比例不当，如空气过多、煤气不足时，火焰呈暗红色或红色；而煤气过多、空气不足时，火焰呈蓝色浑浊状，二者均使火焰温度降低。点火温度的调节可通过调节煤气与空气的大小来实现。操作煤气调节器可以使点火温度升高或降低，操作空气调节器可以使煤气达到完全燃烧。使用煤气或空气调节器时，调节流量大小可用操纵把柄停留时间的长短来控制，操作调节器不要过猛、过快，应一边操作一边观察流量表的数字，最后将点火温度调到要求数值。通过上述方法仍然达不到生产需要时，必须查明原因，比如，混合料水分是否偏大、料层是否偏薄、煤气发热值是否偏低等。生产中点火温度的控制常采取固定空气量、调节煤气量的方法。

E　烧结点火注意事项

（1）点火时应保证沿台车宽度的料面要均匀一致。当燃料配比低、烧结料水分高、料温低或转速快时，点火温度应掌握在上限；反之则掌握在下限。点火时间最低不得低于 1min。

（2）点火面要均匀，不得有发黑的地方，如有发黑，应调整对应位置的火焰。一般情况下，台车边缘的各火嘴煤气量应大于中部各火嘴煤气量。若台车两边仍点不着火，可适当关小 1 号、2 号风箱的闸门，点火后料面应有适当的熔化，一般熔化面应占 1/3 左右，不允许料面有生料及浮灰。对于 90m² 烧结机来说，台车出点火器后 3~4m，料面仍应保持红色，以后变黑；如达不到时，应提高点火温度或减慢机速；如超过 6m 应降低点火温度或加快机速，保证在 6 号、7 号风箱处结成坚硬烧结矿；

（3）为充分利用点火热量，增加点火深度，既保证台车边缘点着火，又不能使火焰外喷，就必须合理控制点火器下部的风箱负压，其负压大小通过调节风箱闸门实现。

（4）混合料点火时间与混合料的温度、湿度有关。混合料温度低、湿度大时，点火时间要长一些，可把烧结机机速减慢。点火时间＝点火器长/机速。

（5）点火器停水后送水，应慢慢开水门，防止水箱炸裂。

（6）点火器灭火后，务必将烧嘴的煤气与空气闸门关严，以防点火时发生爆炸。

4.3.2.4 带式抽风烧结机操作

目前，烧结厂广泛采用带式烧结机进行抽风烧结。做好烧结机开车前的准备工作，严格按照开机、停机程序进行操作，并控制好烧结风箱的负压与烧结终点是烧结生产顺利进行的必要保证。

A 开车前的准备

（1）机头、机尾的弯道内及台车运行轨道上应无障碍物。

（2）台车上应无杂物，以免给下道工序造成堵塞料嘴或扯断皮带事故。

（3）各轴承及减速机内油量要合乎标准，油路畅通。

（4）各电器开关及操作手柄要良好，位置要正确。

（5）检查完毕后，合上事故开关，通知内控可以启动。

B 开、停车手动与联锁的几项规定

（1）正常时烧结机及其他设备均参加系统联锁，一般不单独采取手动操作，只有在检修后试车或处理事故时，才单独手动操作。

（2）高压鼓风机不参加联锁，需要时可单独开车、停车。

C 开车、停车程序

（1）烧结机手动开、停程序：

开车：通知电工将电磁站的选择开关选到手动位置后，合上事故开关，按动开车按钮，电动机就开始运转。

停车：先将转差离合器、调节器打到"0"位，然后按动停车按钮或切断事故开关，电动机停止运转。

（2）烧结机参加系统联锁的开、停程序：

1）开车及停车均由内控操作掌握，但遇到事故紧急停车时，可切断机旁操作箱上的事故开关。若不是紧急事故，未经内控或组长许可不能停车，矿槽空料例外。

2）设备运转正常时，再逐渐调速。

D 带料生产

（1）点火及各项工作准备好后，通知内控联系有关岗位带料生产。

（2）当混合料经过点火器下面时应开大煤气，调节空气与煤气的比例，使点火温度满足要求。

（3）当混合料到达各风箱上部时，从1号风箱开始，根据要求，依次开启各风箱闸门，进行生产。

E　负压的控制（以太钢烧结厂90m²烧结机为例）

（1）为了保证点火顺利和不破坏混合料的原始透气性，应关小1号风箱阀门，使负压一般保持在6000Pa左右，2号风箱阀门稍关，3号风箱及其以后各风箱阀门均全部打开，机尾风箱负压应依次下降。下降过多说明过烧或机尾密封板跑风严重，可适当控制最后一个风箱的负压。

（2）当总管负压降低时，说明抽风系统漏风增加或风机叶片磨损严重。短时急剧下降，说明过烧、布料不良、烧结机漏风或除尘系统漏风严重，应及时检查处理。

（3）多管防尘器前后压差随风量变化而变化，风量大，压差大，一般在700~1500Pa之间。当多管堵塞时，压差增大；多管磨透窜风时，压差减小。如果个别风箱有堵塞现象，一旦压差超过规定值时，也应结合主管废气温度或其他一些影响因素综合分析判断，通过适当调整料层、机速或水、碳等措施解决。

（4）正常情况下负压上升受混合料过细、水分过大或过小、料层增厚或压料、配碳量过高、没烧透等因素的影响。负压降低则受混合料粒度、料层过薄或拉沟、过烧的影响，应及时查明原因进行调整。

F　烧结终点的控制

烧结终点表示烧结过程的结束，所以正确控制烧结终点是生产操作的重要环节。烧结终点即烧结结束或风箱温度最高之点，正确的烧结终点应该在机尾倒数第二个风箱的位置上。在混合料透气性波动不大的情况下，应采取稳定料层厚度，调整机速的办法来调整控制烧结终点。如料层透气性波动较大时，应先根据不同情况稳定影响料层透气性的各种因素，并适当的调整料层厚度，然后再通过调整机速来正确控制烧结终点。

烧结终点可根据以下情况判断：

（1）机尾末端三个风箱及总管的废气温度、负压水平。当终点正常时，上述参数稳定在一个正常波动范围内。一般，总管废气温度控制在110~150℃。三个风箱的废气温度、负压则有明显特征：在终点处，废气温度最高，一般可达300~400℃，前后相邻风箱的废气温度要低20~40℃，因为终点前，通过料层的高温废气将热量传给冷料使废气温度下降到接近于冷料温度的水平，直到燃烧层接近炉算时，废气温度才急剧上升，而燃料燃烧完毕后，废气温度又立即下降。负压则由前向后逐步下降、与前一个风箱比，依次约低1000Pa左右。这是由于终点前的风箱上，料层还未烧透，而终点后的风箱上，烧结矿已处于冷却状态了。所以，若总管废气温度降低，负压升高，倒数2号、3号风箱废气温度降低，最后一个风箱温度升高，三个风箱废气负压均升高，则表示终点延后；反之，总管温度升高，负压下降，倒数2号、1号风箱废气温度下降，三个风箱的负压都下降，表示终点提前。

（2）从机尾矿层断面看，终点正常时，燃烧层已抵达铺底料，无火苗冒出、上面黑色和红色矿层各占2/3和1/3左右。终点提前时，黑色层变厚，红矿层变薄；终点延后，则相反，且红层下缘冒火苗，还有未烧透的生料。

（3）从成品和返矿的残碳看，终点正常时，两者残碳都低而稳定；终点延后，则残碳升高，以至超出规定指标。

发现终点变化时，应及时调节纠正，尽快恢复正常。其方法是：当混合料透气性变化不太大时，以稳定料层厚度、调节机速来控制终点。若发现终点提前，应加快机速；若终点滞后，则减慢机速。但若透气性发生很大变化，仅靠调节机速难以控制终点，且影响烧结料正常点火时，则应调整料层厚度，再注意机速的适应，以正确控制终点。

G 生产判断

生产运行中，要正确判断混合料水分大小，燃料多少，粒度粗细，及时通知调整，减少波动。正确分析烧结矿质量事故，并及时采取整改措施，确保烧结矿强度、亚铁等质量指标合格。正常生产时，料层、机速稳定，混合料中水分、燃料合适。烧结生产稳定顺行的主要表现是：

（1）点火器火焰均匀顺利地抽入料层，台车离开点火器后，料面发亮熔化，长3~5m。

（2）机尾断面整齐均匀，无夹生料，红层小于断面的五分之二。

（3）台车在机尾翻转不粘料，烧结矿卸料顺利，落下声响有力。

（4）机尾落下的烧结矿块度均匀，粉末少。

（5）在不变动料层厚度的条件下，垂直烧结速度，大烟道及风箱废气温度，真空度只在很窄的范围内波动，烧结终点稳定。

H 烧结料中碳和水分的判断与调节

烧结料水分、碳量的稳定，是烧好烧透的前提条件。

烧结料中固体炭是烧结过程中所需热量的主要来源，直接影响烧结矿的产量和质量。特别在机上冷却的烧结工艺中，适宜的混合料碳量显得特别重要。含碳量的多少可以从点火器处和机尾矿层断面判断，也可以从仪表上反映。碳含量过多时，台车移出点火器后，表面保持红色的台车数比正常时增多，即使点火温度正常，料面也会过熔发亮；烧结机尾段风箱废气温度和主管温度高出正常水平，主管负压升高；因垂直烧结速度降低，烧结终点推迟，燃烧带往往达不到炉箅，机尾卸矿时矿层断面冒火苗，高碱度烧结矿会出现强劲的蓝色火苗，断面赤红部分占全矿层的1/2以上，熔化厉害，烧结矿呈大孔薄壁结构或夹生矿，强度差。碳含量过少时，台车出点火器后，表面层不出现红色，料层表面有层浮灰，卸料断面呈暗红色，赤红层变薄，高碱度烧结矿不冒火苗，烧结主管温度下降，烧结矿气孔小，灰尘大，返矿多。

混合料水分变化可从机头布料处直接观察，也可在检测仪表和料层上反映出来。水分过大或过小，都会使料层透气性变差，真空度增加，造成点火器下火焰不往下抽，而向四周喷射，料层表面有"黑点"，机尾烧结矿层有夹生料，断面出现"花脸"烧不透，底层有黑料，且废气温度降低。

当混合料水分、碳量适当时，点火火焰能顺利抽入料层；台车离开点火器后，表层红至4~5号风箱；机尾矿层断面整齐，结构均匀，无夹生料，红色层约占断面的1/2，台车卸矿顺利，不粘料，矿块强度好，粉末少。在料层厚度稳定的情况下，风箱及总管废气温度、负压只在很窄的范围内波动，烧结终点稳定。

当发现混合料水分、碳量发生大的变化而影响正常烧结作业时，应与混料或配料岗位联系，对水分或燃料量进行调整。同时应考虑到调节的滞后过程，可临时采取调节料层厚度、点火温度和机速的措施与之大体适应。

I　机速调整

正常生产时，料层必须达到要求，烧结机速应根据终点调整。一般情况下，机速每次调整量不超过 0.3m/min，时间间隔不小于 20min。

（1）下列情况应减慢机速，并在短时间内予以消除。

混合料水分过大或过小；混合料燃料过大或过小；返矿质量不好，混合料粒度过细；压料过紧；主管负压升高；总管废气温度低于下限。

（2）下列情况应加快机速，并在短时间内稳定下来。

混合料透气性变好；终点提前，废气温度升高；料温升高。

J　烧结机操作的注意事项

（1）必须保证沿台车宽度上的点火均匀、沿烧结机宽度和长度的料层厚度一致，从而保证混合料的透气性和质量均匀。

（2）烧结机机速的调整应缓慢，不得过急。

（3）随时注意烧结过程各主要参数（点火温度、废气负压、温度等）的仪表反映是否正常，发现问题及时处理。

（4）每班必须活动风箱闸门一次，特别是点火器下的风箱闸门。

（5）关注和判断混合料水分及造球情况，发现异常，及时与混合放水工、主控室联系。

（6）关注和判断混合料中燃料的情况，及时反馈。

（7）临时停车时，煤气、空气关到最小值，保持点火温度在 700℃ 左右，关闭时先关空气阀，待风量指针开始下降，立即关煤气，以免放炮。

（8）经常检查烧结机运行情况。比如，台车上箅条是否完整，如有短缺应及时补齐；台车有无挂料现象，如有应及时清理；风箱闸门开闭是否灵活，风箱堵塞要及时处理等。

（9）巡检、点检设备时，注意防止人体接触高热部位，严禁从台车上经过或站在台车上，防热矿烫伤。停机时，台车上有热矿严禁站人。

（10）处理料面及空洞时，站位要妥，防止热矿飞溅伤人，烧结机运行中禁止开机尾密封罩和单辊密封罩门检查。

（11）台车在运转时，严禁紧固台车轮螺丝，禁止手脚放在轨道上；清扫散料和粘料时，手或身体与设备运行部位应保持 30cm 以上，站位稳妥，用力恰当均匀，有监护人。

4.3.2.5　单辊破碎机

A　开车前的检查确认

检查确认设备"五有"齐全完好，运转部位无人或障碍物，没卡住，各部位紧固螺栓牢靠，零部件齐全，安全罩完好不碰撞，单辊破碎机的齿冠、箅板无损坏，无脱落，机尾下料斗无堵塞，设备润滑良好，单辊轴承冷却水流通畅，安全装置、除尘设施完好。

B　设备的启动操作

（1）单机操作，先通知主控室将系统联锁开关打到单机位置，然后在单辊破碎机旁操作箱上进行开停操作。

（2）联锁操作，接到开机通知后，将选择开关打到自动位置，通知主控室后到现场监护开机。

C　设备运行操作

（1）运行过程中，单辊前后都不应有堆料现象。

（2）保证单辊冷却水的畅通，无断流。

（3）经常观察烧结机机尾下料情况，发现异常应及时向烧结机岗位反映。

（4）随时检查漏斗、单辊和溜槽的下料情况，及时排除影响下料的故障，保持畅通。

（5）对机尾摆架运行机械及配重进行检查。

（6）传动装置（电动机、减速机、轴承座等）检查螺栓紧固，系统温度正常、润滑良好，无泄漏，运行平稳无异响。

（7）检查单辊破碎机的齿冠、箅板无损坏，无脱落。

D　设备停机操作

（1）单机停机。机旁操作，正常生产时由主控室操作，只有检修后试车或事故处理时使用机旁操作。按下机旁操作箱上的停止按钮，同时关闭安全开关，选择开关旋至"0"位，挂上操作牌，进行检查或等待指令。

（2）联锁停机。由主控室电脑控制系统联锁停机，接到停机通知后，到现场监护停机。

4.3.2.6　烧结抽烟机操作

抽烟机是带式烧结机的心脏，因此，要做好抽烟机的开停操作及启动前和运转过程中的检查、维护工作。

A　抽烟机的主要操作步骤

（1）对照抽烟机点检设备内容进行点检（询问和检查百叶窗调节门、烧结各风箱、大烟道、除尘器的入孔是否关闭，检查电动机与抽烟机的旋转方向是否符合规定；检查油箱中的油位是否符合要求，抽烟机启动前，油箱中的油位应不少于油箱容积的2/3；检查冷却水流动是否畅通及冷却系统是否完好；检查所有仪表的灵敏性；启动电动油泵，检查油泵运转方向，润滑管道安装的正确性及回流情况，并校正安全阀；对抽烟机转子进行手动盘车检查等）。

（2）关闭进口阀门，打开出口阀门。

（3）设备正常时进行开机操作；提前启动润滑油泵；复查废气阀门是否微开，防止风机进入飞动区运转；发出启动信号启动风机；启动完毕，一一复核有关仪表数据；当风机达到额定转速，油压达到额定油压时，应停电动油泵；油温达到35℃时，接通冷却水；最后逐渐打开抽烟机进口阀门。

（4）停机操作：关闭抽烟机进口阀门；启动电动油泵，油压达到规定值后，按抽烟机停止按钮；待其停稳后，再经20min可停电动油泵。

B　抽烟机运转注意事项

（1）启动抽烟机时，必须两人配合，一人操作，一人观察，发现问题立即停止启动操作、向上汇报并进行处理。

（2）抽烟机启动的时间必须在烧结机开车前一段时间进行。

（3）电动机进出口风温差不超过 20℃。

（4）抽烟机与电动机遇有下列情况时应立即采取紧急停车措施：

1）风机与电动机强烈振动，机壳内部有金属撞击声与摩擦声；

2）轴承温度大于 65℃，打开冷却水后，仍有升高趋势；

3）油压太低，电动油泵启动仍不能满足要求；

4）轴承或密封处出现冒烟；

5）发动机温度突然升高；

6）发生停电。

4.3.2.7　烧结岗位主要工艺参数（表 4-1）

表 4-1　烧结岗位主要工艺参数

烧 结 机	1 号机	2 号机	3 号机
烧结面积/m²	115	180	360
料层厚度/mm	580 ~ 650	580 ~ 700	650 ~ 700
点火温度/℃	1050 ± 150	1050 ± 150	1050 ± 150
终点温度/℃	≥280	≥300	≥320
终点风箱	16 号	19 ~ 20 号	22 ~ 23 号
除尘前负压/kPa	12 ~ 17.5	12 ~ 17.5	13 ~ 17.5
集气管温度/℃	≥105	≥130	≥130
单辊破碎能力/t·h⁻¹			890

4.3.2.8　巡回检查

A　检查线路

推车机→布料设备→空气煤气管道以及阀门→圆辊给料机→多辊布料器→压箅条装置→松料器→平料器→铺底料斗→头部星轮→柔性传动→头部小格→台车→滑道→密封装置→风箱→漏斗→风箱蝶阀装配→干油泵→尾部星轮→单辊→平移架→台车→单辊至环冷下料斗→大烟道→除尘管→点火器。

B　检查内容

（1）操作箱使用安全、可靠。

（2）仪器仪表指示灵敏，显示数据可靠，波动在正常范围内。

（3）电动机接手、各部螺丝齐全、紧固；电动机电流不高；温升小于 65℃（不烫手），运行平稳无杂音。

（4）减速机地脚、接手螺丝齐全紧固；轴承温度小于 65℃，润滑油在油标线范围之内；运行平稳无异常声响。

（5）布料系统设备运行正常；混合料矿槽闸门调整灵活可靠；矿槽、漏斗衬板、圆辊刮板正常磨损，不翘起，不撒料。

（6）点火炉炉顶、炉墙耐火材料无脱落、塌陷，不冒火，煤气、空气阀门灵活好用，管道无泄漏。

（7）台车运行平稳，不跑偏，车轮齐全，不缺件，不摆动，磨损正常，运转灵活，润滑良好；拦板齐全，无松动，不破损；箅条不缺、不断、排列整齐；活动滑板不翘不掉；车体不塌腰，无断裂。

（8）固定滑道润滑良好，正常磨损，不翘不掉。

（9）头、尾密封装置板面间隙正常，动作灵活可靠；密封材料无破损，不漏风。

（10）头尾风箱翻板灵活好用、灰斗无堵塞。

4.3.3　常见事故及处理

4.3.3.1　梭式布料器常见故障及处理方法（表4-2）

表4-2　梭式布料器常见故障及处理方法

故障性质	产生原因	处理方法
梭式布料器停走或超行程	电器控制不良；行走齿轮磨损；固定螺丝松动	检查处理；拧紧固定螺丝
梭式小皮带扯坏	掉下衬板或杂物；皮带磨损	打好接头卡子或更换
转不起来	主动轮有料卡死；电气线路故障；带重荷启动，主动轮有水打滑	消除卡料；电工修理；不带负荷启动

4.3.3.2　点火器故障及处理方法

烧结生产中如果出现点火器停水、停电或煤气低压、停风事故时，应按照规定的操作程序进行处理。

A　停水

（1）发现点火器冷却水出口冒汽，应立即检查水截门是否全部打开和水压大小，如水压不低应敲打水管，敲打无效或水压低时，立即通知组长和内控。查明停水原因后，可将事故水门打开补水，若仍无水则应切断煤气，把未点燃的原料推到点火器下，再把烧结机停下。

（2）断水后关闭各进水阀门，送水时要缓慢打开进水阀门，不得急速送水。

（3）高压鼓风机继续送风，抽烟机关住闸门，待水压恢复正常后，按点火步骤重新点火。

B　停电

人工切断煤气，关闭头道闸门及点火器的烧嘴闸门，关闭仪表的煤气管阀门，同时通入蒸汽，开启点火器旁的放散阀。

C　煤气低压、停风

煤气压力低于规定值时，管道上切断阀自动切断，信号响。如短时不能上升，反而继续下降，则应：

（1）停止烧结机系统运转，关闭抽烟机闸门。

（2）关闭点火器的煤气和空气开闭器，关闭煤气管道上的头道阀门。

（3）通知仪表工关闭仪表煤气管阀门，打开切断阀，通入蒸汽，同时打开点火器旁的放散管。

（4）关闭空气管道的风门和停止高压鼓风机。

（5）停空气时则应开动备用风机，若备用风机开不起来或管道有问题则应按停煤气的方法进行处理。

（6）煤气空气恢复正常后，通知计器人员进行检查，并按点火步骤重新点火进行生产。

4.3.3.3　烧结机常见故障及处理方法（表4-3）

表 4-3　烧结机常见故障及处理方法

故障性质	产生原因	处理方法
台车上回车道	台车跑偏	立即停车，倒车退回，先固定轨道上的后一块台车，当台车出现 200mm 间隙后，用吊链吊起
台车辁辘卡弯道	台车辁辘脱落	倒车将辁辘顶出，用气焊切割
台车塌腰卡风箱隔板	台车塌腰变形，塌腰台车卡住风箱隔板	将塌腰台车更换掉
换台车时，新台车放不进去	更换的台车吊起后，其余的台车即发生位移	将机尾摆架固定，烧结机倒转，转至布料器前顶住台车打正转，更换上新台车
台车脱轨	台车塌腰运行中偏离轨道	与台车上回车轨道的方法相同更换坏台车
卡机头弯道引起跳闸	台车赶道跑偏，车轮窜轴	更换窜轴台车，赶道跑偏处理同上
顶风箱隔板跳闸	中间隔板翘曲，台车严重塌腰	更换中间隔板或塌腰台车
顶弹性滑道	台车固定滑板翘起，弹性滑板挡铁失效	更换台车，修配齐弹性滑道挡铁
尾部滑板顶掉	台车严重塌腰，密封板变形	更换台车或密封板
顶点火器	台车挡板严重变形，机头压道轨损坏引起赶道	更换台车或处理压道
点火器	水管破裂、焊缝不牢	焊补或截断部分水管
掉算条	挡销掉；炉算及台车凸处烧损严重	上好算条销或换台车

4.3.3.4　异常与紧急情况的处理

（1）当运行过程中发现异常声响以及将引起设备损坏的隐患，应立即停机，关闭安全开关，选择开关打到"0"位，进行检查、处理。

（2）当出现危及人身安全及设备安全的紧急状态时，无论设备处于单机开机状态还是联锁开机状态，可采取直接关闭操作箱上或机旁的安全开关来停止相关设备的运转。

（3）临时停机检查和故障处理，炉膛不要完全止火，应留一到两个烧嘴，必须保护点火炉温 600～800℃，炉膛旁有专人看护，防止熄火。

（4）处理混合料斗悬料、圆辊与多辊积料或卡物时，工具握牢，并站在安全可靠位置，必要时停机切断电源挂牌，设专人监护进行处理。

（5）当烧结机台车炉算条掉到矿槽内或小格时，必须停机用钳子取出，严禁爬入槽内处理。

（6）烧结机停机检修时，必须做到先关闭烧嘴闸阀，止火后，再关闭总管闸阀，打开末端放散阀，再停高压风机。检查煤气设施必须插上盲板，用氮气吹扫，经防护站或安全部门测试合格后，才能动火检修。

（7）进入大烟道（多管）检查，必须向调度报告，得到安全部门的许可，通知风机房停机，冷却后经检测合格方能进入。入口处应设人守护，必须使用的 12V 低压照明。检修完毕，必须清点人数、工具确认无遗漏方可关人孔门，并报告调度。

（8）任何停机处理故障或检修，必须切断电源，设监护人，并与相关岗位取得联系。确认无误后方可进行作业。

（9）在生产中遇到停水、停煤气、停风、停电等情况时，按规定的程序进行相应的操作：

1）停电。立即止火，关闭煤气总管阀，打开末端放散阀，关闭主抽风机风门、计器仪表阀门和助燃风机阀门。将各电器设备操作箱上选择开关打至"0"位，关闭电源开关并挂好牌，主控室内所有停电系统画面均打至"手动"。汇报并做好煤气冷排的监护工作。

2）煤气低压或停煤气。当煤气压力低于 4000Pa 时会报警，此时应引起高度注意，并报告调度，查明原因。当煤气压力低于 3000Pa，立即停机止火，关闭煤气闸阀，关闭抽风机风门，煤气压力恢复到 3500Pa 以上时，恢复正常生产。

3）助燃风机突停时，立即关闭煤气闸阀，停转烧结机，通知调度派专人检查处理。

4）停水。立即关闭点火器烧嘴，关闭风门。

 思 考 题

（1）烧结机漏风主要出现在哪些部位，如何控制？

（2）在使用煤气进行点火时，如何通过火焰来判断煤气与空气的比例是否合适？

（3）叙述烧结机开车前正确的点火操作步骤。

（4）烧结终点的控制对烧结矿产量、质量有什么意义？如何正确控制烧结终点？

（5）点火参数有哪些，各自的意义是什么？

（6）完成烧结机设备点检。

（7）如何处理点火器停水？

（8）按照生产单位的技术条件、设备条件和各种操作规程及技术经济指标考核要求，完成混合料的烧结操作。

（9）完成烧结工仿真操作。

实训项目 5 烧结矿处理及质量评价

实训目的与要求：

(1) 能够正确使用和维护相关设备进行烧结矿的冷却、破碎、筛分操作；

(2) 知道高炉冶炼对烧结矿的质量要求；

(3) 能够正确鉴定烧结矿的质量。

考核内容：

(1) 根据烧结成品矿特性，按生产工艺要求对烧结矿进行冷却和成品矿、返矿、铺底料的输入与输出操作；

(2) 环（带）冷机、鼓风机、板式给矿机、卸灰小车、卸灰阀等设备操作；

(3) 主要设备的性能、结构、工作原理和操作规程；

(4) 判断、分析配料设备常见故障，并能正确的处置。

实训内容：

(1) 环（带）冷机、鼓风机、板式给矿机、卸灰小车、卸灰阀等设备操作训练；

(2) 烧结矿冷却和烧结成品矿、返矿、铺底料输入输出操作训练；

(3) 判断、分析系统常见异常情况，并能正确的处置；

(4) 能够简单判断烧结矿的强度。

5.1 基本理论

烧结矿从烧结机机后台车上自然落下时，温度高达 700～800℃。因靠自重摔碎，块度大小很不均匀，部分大块超过 200mm，甚至达 300～500mm，大块中还夹杂着未烧好的矿粉或生料，不能满足高炉冶炼的要求，而且给烧结矿的贮存、运输带来不少的问题。因此，机尾卸下的烧结矿需要进一步处理。

5.1.1 烧结矿的处理流程

对烧结矿的处理有热矿流程和冷矿流程，如图 5-1 所示。

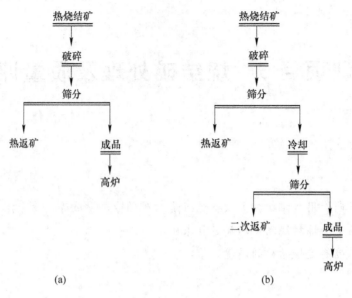

图 5-1　烧结矿处理流程

(a) 热矿流程；(b) 冷矿流程

5.1.2　烧结矿的冷却

现在广泛采用烧结矿冷却工艺，即将红热的烧结矿冷却至 130~150℃以下，其主要原因是：

(1) 烧结矿冷却后，便于进一步破碎筛分，整顿粒度，实现分级，并降低成品矿粉末，达到"匀、净、小"的要求，可以提高高炉料柱的透气性，为强化高炉冶炼创造条件。冷矿通过整粒，还便于分出粒度适宜的铺底料，实现较为理想的铺底料工艺，改善烧结过程。

(2) 高炉使用经过整粒的冷烧结矿，炉顶温度降低，炉尘吹损减少，有利于炉顶设备的维护，延长使用寿命，并为提高炉顶煤气压力，实行高压操作提供有利条件。我国使用热矿的高炉，虽然设计炉顶压力达 0.15MPa，但长期只能维持在 0.05~0.07MPa 的水平，而使用冷烧结矿的同类型高炉，顶压却可达到 0.13~0.14MPa，接近设计水平。由于炉顶压力提高，有利于炉况稳定顺行，故使用冷烧结矿是很有必要的。

(3) 采用冷矿可以直接用皮带运输机运矿，从而取消大量机车、运矿车辆及铁道线路，占地面积减少，厂区布置紧凑，节省大量设备和投资。烧结矿用皮带运输，甚至直接向高炉上料，容易实现自动化，增大输送能力，更能适应高炉大型化发展的要求。

(4) 使用冷烧结矿可以改善烧结厂和炼铁厂的厂区工作环境。

烧结矿进行冷却时，冷却方法选择合适与否，对冷烧结矿生产影响很大。合适的冷却方法应该保证烧结矿质量（主要指强度）少受或不受影响，尽量减少粉化现象；冷却效率高，以便在较短的时间内达到预期的冷却效果；经济上合理。烧结矿的冷却方法有打水冷却，自然通风冷却和强制通风冷却。打水冷却具有冷却强度大、效率高和成本低的优点，但因急冷其强度大大降低，尤其对熔剂性烧结矿，遇水产生粉化的情况更为严重，并且难以再行筛分。自然风冷却效率低，冷却时间长，占地面积大，环境条件恶劣。因此，广泛采用强制通风冷却。强制风冷又有抽风冷却和鼓风冷却两种。抽风冷却采用薄料层（$H <$ 5mm），所需风压相对要低（600~750Pa），冷却时间短，一般经过 20~30min，烧结矿可冷却到100℃左右；但所需冷却面积大，风机叶片寿命短，且抽风冷却第一段废气温度较低（150~200℃），不便于废热回收利用。鼓风冷却采用厚料层（$H > 500$mm），冷却时间较长，冷却面积相对较小，冷却后热废气温度为 300~400℃，便于废热回收利用；但所需风压较高，一般为 2000~5000Pa。总的看来，鼓风冷却优于抽风冷却，抽风冷却已逐渐被取代。

5.1.3 烧结矿的整粒

通常对冷却后的烧结矿进行破碎、筛分并按粒度分级称为烧结矿整粒。

冷矿的整粒流程通常是：烧结矿从冷却机卸下后，首先进行一次粗筛，分出大于 50mm 的大块并将其进行冷破碎，破碎后的矿石与粗筛筛下物（小于 50mm 的粒级）一起经 3~4 次筛分，分出成品、铺底料和返矿（小于 5mm）的部分作返矿；从中间粒级（一般是 10~25mm 或相近的粒度范围）的成品矿石中分出部分作铺底料；其余的为成品烧结矿，其粒度均匀，粉末量少。

5.2 主要设备

5.2.1 冷却设备

烧结矿的冷却方法目前广泛采用强制通风冷却。强制通风冷却又可分为抽风式和鼓风式两种。一般来说，抽风式冷却机用于厚度小于 500mm 的料层，鼓风式冷却机用于厚度大于 500mm 的料层。从发展趋势来看，鼓风式冷却机将被广泛采用，它具有以下特点：

（1）冷却面积相对减少，与薄料层抽风冷却相比，鼓风冷却采用厚料层，转速低，冷却时间长，因而相对减少了冷却设备的有效面积，同时也减少了冷却设备的占地面积。

（2）鼓风冷却有利于节能。鼓风冷却方式可以有效地回收利用冷却机废气废热。

（3）鼓风冷却设备容易维修。

用于烧结矿冷却的设备种类很多，按大的流程划分，有机上冷却和机外冷却两种。用于机外冷却的设备以环冷机、带冷机为主。

5.2.1.1 环式冷却机

环式冷却机由机架、导轨扇形冷却台车、密封罩及卸矿漏斗等组成，如图 5-2 所示。

传动装置由电动机、摩擦轮和传动架组成。传动架用槽钢焊接成内外两个大圆环，每个台车底部的前端有一个套环，将台车套在回转传动架的连接管上，后端两侧装有行走轮，置于固定在内外圆环间的两根环形导轨上运行。外圆环上焊有一个硬质耐磨的钢板摩擦片，该摩擦片用两铸钢摩擦轮夹紧，当电动机带动摩擦轮转动时，供二者间摩擦作用，使传动架转动而带动冷却台车作圆周运动。台车底部安装有百叶窗式算板和铁丝网，上部罩在密封罩内。在环形密封罩上等距离设置三个烟囱，内安装轴流式抽风机。

按台车运行方向，卸矿槽在烧结机后部给矿点的前面位置，卸矿槽上的导轨是向下弯

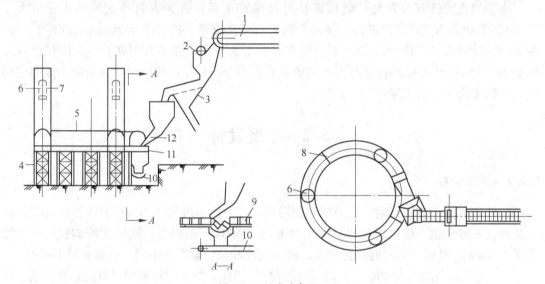

图 5-2　环式冷却机

1—烧结机；2—破碎机；3—振动筛；4—钢架；5—烟罩；6—烟囱；7—轴流风机；
8—挡风板；9—台车；10—冷却运输带；11—环冷机机体；12—溜槽

曲的。热烧结矿经热矿筛的给矿装置给入台车，台车在运动过程中，受到从下面百叶窗式算条抽入的冷风冷却，当台车行至曲轨处时，后端滚轮沿曲轨下行，台车尾部向下倾斜 60°，在继续向前运行过程中，将冷却后的烧结矿卸入漏斗内。卸完后，又定到水平轨道上，重新接受热烧结矿。如此循环不断，工作连续进行。其卸矿过程如图 5-3 所示。

环形冷却机是一种比较好的烧结矿冷却设备：

（1）冷却效果好，在 20～30min 内烧结矿温度可降到 100～150℃。

（2）台车无空载运行，提高了冷却效率。

（3）运行平稳，静料层冷却过程中烧结矿不受机械破坏，粉碎少。

（4）料层薄，一般为 250～300mm，阻力损失少，不超过 600Pa，冷风通过料层的流速低，1.5m/s 左右，所以烟气含尘量少。据测定为 0.02～0.05g/m³，故抽风冷却过程不需要除尘。

（5）结构简单，维修费用低。

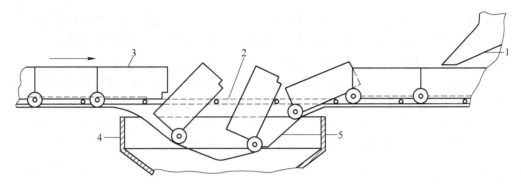

图 5-3 环冷机卸矿和装矿过程

1—溜槽；2—传动架；3—台车；4—矿槽；5—弯形轨道

环式冷却机技术性能见表 5-1。

表 5-1 环式冷却机技术性能

冷却面积 /m²	冷却环 直径/m	冷却环 转速 /r·min⁻¹	产量 /t·h⁻¹	台车宽度 /mm	台车数 /个	传动电 机功率 /kW·h	风量 /m³·min⁻¹	料层 厚度 /mm	冷却 时间 /min
134	21	1~4	122	2500	45	17	3×5400	250~450	
200	24	1.126~4.505	200	3200	45	30	3×7500	250~450	20~30

5.2.1.2 带式冷却机

带式冷却机是一种带有百叶窗式通风孔的金属板式运输机，如图 5-4 所示。带式机是由许多个台车组成，台车两端固定在链板上，构成一条封闭链带，由电动机经减速机传动。工作面的台车上都有密封罩，密封罩上设有抽风（或排气）的烟囱。

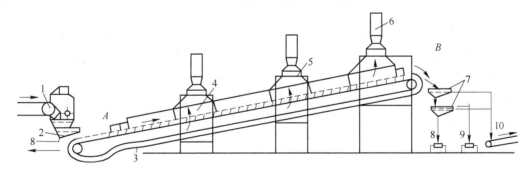

图 5-4 带式冷却机

1—烧结机；2—热矿筛；3—冷却机；4—排烟罩；5—冷却风机；6—烟囱
7—冷矿筛；8—返矿；9—底料；10—成品烧结矿

热烧结矿自链带尾端加入台车，靠卸料端链轮传动，台车向前缓慢的移动，借助烟囱中的轴流风机抽风（或自台车下部鼓风）冷却，冷却后的烧结矿从链带头部卸落，用胶带运输机运走，带式冷却机具有如下特点：

（1）烧结矿边冷却边运输，适于多台布置。

（2）冷却效果较好，热矿由 700 ~ 800℃冷却到 100℃，冷却时间一般 20 ~ 25min。

（3）料层薄，一般 250 ~ 350mm，因此阻力小，而且抽风冷却过程不需要除尘。

（4）烧结矿为静料冷却，冷却过程不受机械磨损与碰撞，因而粉碎少。

带式冷却机是国内外广泛采用的一种烧结矿冷却设备。国外最大带冷机有效冷却面积达 780m² （配 600m²烧结机）。带式冷却机有冷却兼运输和提升的优点，可减少冷矿输送胶带，适合于多台布置，但空行程多，需要较多的特殊材质。而环式冷却机台车面积利用充分，无空载行程，但占地面积宽，不适于两台以上的布置。

5.2.1.3　振动式冷却机

振动式冷却机兼有运输、筛分、冷却三种作用，其结构如图 5-5 所示。整个冷却机支承在两排可振动的支承柱 7 上，经由电动机 4 带动偏心轴皮带轮 3，使主弹簧 5 振动并带动其他缓冲簧 6 一起振动。主动弹簧与机体运输方向构成一定的夹角，机体按一定方向作简谐振动。装入机体内的热烧结矿在机体振动下连续向前跳动，并通过筛板分成成品烧结矿和返矿两个级别，筛板下面鼓入的冷空气穿过跳动着的料层，使烧结矿冷却。废气通过机罩 2 上的排气管排入大气。

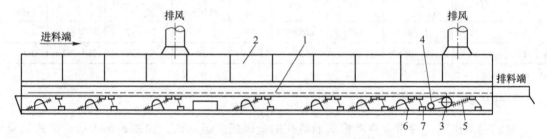

图 5-5　振动式冷却机
1—机体；2—机罩；3—偏心轴皮带轮；4—电动机；
5—主弹簧；6—副弹簧（缓冲簧）；7—支承柱

振动式冷却机冷却效果好，烧结矿由 750℃冷却到 100℃仅需 6 ~ 10min，筛分效率高，冷却前不需要设振动筛（但有固定筛），成品烧结矿中小于 8mm 的含量不超过 5%，振动式冷却机为鼓风冷却，因此冷却风量小，大约为 3000m³/t。

振动式冷却机设备工作参数调整困难，易出现断弹簧和弹簧轴以及机体开裂等事故，只能与小型烧结机配套使用。

5.2.1.4　机上冷却系统

机上冷却不需单独配置冷却机，只是把烧结机延长，前段台车用作烧结，后段台车用作冷却。两段各有独立的抽风系统，中间用隔板分开，防止互相窜风。强制送入的冷风穿过料层，进行热交换。冷却后的烧结矿从机尾卸下，热废气经除尘后从烟道排出。机上冷却有如下特点：

（1）工艺流程简单，工艺布置紧凑。

（2）由于冷却机就是烧结机的延长部分，不另设专门的冷却设备，只增加一台冷却用风机，设备简单，维修工作量少。

（3）烧结矿成品率比其他机外冷却高 5%~10%。

（4）机上冷却后，烧结矿不经破碎，而且转运次数少。

（5）烧结矿强度好，粒度较均匀。

与机外冷却相比，机上冷却投资高，设备损耗大，电耗高，生产控制较困难。

5.2.2 破碎、筛分设备

在原料处理部分已叙述。

5.3 操作部分

5.3.1 职责

（1）严格遵守各项规章制度，服从分配，完成本职工作，确保正常生产。

（2）熟悉岗位设备性能，正确操作设备，把烧结矿冷却到规定温度下，并顺利运转，完成生产任务。

（3）负责带冷机、拉链机、冷却鼓风机的开停操作；冷矿振动筛和胶带机的开停操作和事故时的紧急停机。

（4）负责在接班时、启动前和运行中的设备检查、维护和一般事故处理。

（5）熟悉设备性能，认真执行生产技术操作，掌握烧结生产对本岗位的各项要求。

（6）负责对设备的维护、保养、检查，及时提出设备的隐患、缺陷和检修项目，参加检修、试车和验收工作。

（7）负责岗位安全除尘设施的维护，搞好安全防尘工作。

（8）负责岗位工器具、照明、工作环境等的保管和清扫，搞好交接班工作，达到文明生产。

5.3.2 操作程序与要求

烧结矿处理就是对烧结矿进行破碎、筛分和冷却，其目的是保证烧结矿粒度均匀并除去未烧好的部分，避免大块烧结矿在料槽内卡塞和损坏运输皮带，为烧结矿的冷却与高炉冶炼创造条件。

5.3.2.1 单辊破碎机的主要操作步骤

（1）开机前检查单辊破碎机的安全装置、各部连接螺丝、轴承润滑情况是否正常；各漏斗是否堵塞，齿冠、算板的磨损情况如何。

（2）联锁工作制时，检查合格后接到开车信号，将操作箱上的转换开关转向"通"的位置，稍后设备按料流方向依次启动。

（3）联锁工作制停机时，烧结机停机后，单辊破碎机方可停机；系统停机后，将转换开关置于"断位"。

（4）运行注意事项：

1）随时检查单辊破碎机在运行中各部位的情况，注意异常现象。

2）经常检查各部漏斗、溜槽，防止堵塞，保持畅通，及时清除积料。

3）单辊破碎机因超负荷引起跳闸，应立即切断电源，通知烧结机停机，并检查原因。在能够打反转的情况下，通知中控室，采用机旁操作打反转取出杂物，然后改正转试车，无问题后，通知中控室恢复生产。

4）发现算板、刮刀、衬板严重磨损变形和断裂时，要停机处理。

5）随时检查水冷系统的水压、水量、水温是否正常，有无漏水现象，冷却水出口温度是否低于50℃。

6）当单辊溜槽堵大块烧结矿，捅料困难时可打水，热矿急冷后容易粉碎，可减轻捅料难度。

（5）单辊破碎机检查路线：

操作箱→电动机→减速机→联轴器→辊轴→单辊箱体。

5.3.2.2　热矿振动筛的主要操作步骤

（1）开机前检查安全装置、电动机、筛面、油路、冷却水、漏斗、振动设备等是否符合要求。

（2）接到开车信号，认为一切正常将操作箱上的转换开关转向"通"的位置，按启动按钮，热振筛即可启动。

（3）按停机按钮时设备停转，停机后，将转换开关置于"断位"。

5.3.2.3　冷却机的主要操作程序

A　开机前的准备

（1）检查带冷机各部地脚螺栓、连接螺栓是否紧固，有无脱落。

（2）检查各部传动机构和台车有无卡塞，托辊间有无障碍物，托辊转动是否灵活。

（3）检查各部轴承、减速机、各润滑点的润滑情况是否良好，油质、油量是否符合标准。

（4）检查给料、卸料斗是否通畅，各密封处密封是否良好。

（5）确认台车上布料情况，做到心中有数。

（6）检查风机入口风门、开关是否灵活可靠。

（7）检查各部照明、机旁电铃、信号灯具、指示仪表及各开关按钮是否齐全好用。

（8）检查电动机调速旋钮是否打到"0"位。

（9）检查设备周围有无障碍物和无关人员，应及时清理和撤离。

B　联锁工作制下的开停机操作（自动）

（1）正常开机：

1）接到准备开机通知后，按开机前准备工作要求进行检查，确认无误后将机旁操作箱上工作转换开关打到"自动"位置，等待启动。

2）系统集中启动时，中控室首先会发出预告信号。

3）预告信号后，生产控制系统进入设备启动阶段，中控室按联锁关系依次启动设备。设备全部完成启动后，信号停止，系统启动过程结束。

4）系统启动过程中，如果发现设备有异常情况需要停机，可把工作制开关打到"0"位，或者使用事故开关将设备停下来。停下设备后，应马上向中控室汇报，并做好事故记录。

（2）正常停机：

由中控室实施联锁停机，停机后将转换开关打到"0"位。

（3）事故停机：

当设备发生故障无法继续生产或者危及人身安全时，立即用转换开关或者事故开关实施紧急停车。

C　非联锁工作制下的开停机操作（手动操作）

按开机前准备工作要求进行彻底检查确认后，将转换开关打到"手动"位置，按"启动"按钮设备即开，按"停机"按钮设备即停，停机后转换开关打到"0"位。

D　运行注意事项

（1）启动前，必须先检查并启动干油润滑泵。

（2）环冷机启动时，调速旋钮必须缓慢调节，逐步加快转速，使环冷机与烧结机转速相适应。

（3）随着环冷机铺有热烧结矿台车的移动，依次选择启动鼓风机（根据需要选择机号），保证冷却效果。

（4）环冷机的机速应根据烧结机机速的快慢及热筛下料口料流情况及时而合理的调整，严格按照厚料层作业，保证布料均匀，避免出现拉沟、堆积和管道现象，严禁跑空台车。

（5）当有鼓风机发生故障烧结矿冷却温度达不到规定指标时，应适当调整环冷机机速，降低产量，以保证冷却温度；若风机全停时，环冷机必须停机，不得继续生产。

（6）经常检查各部密封，降低有害漏风，提高冷却效率，保证排矿温度不高于150℃。

（7）注意烧结矿热破碎情况，发现异常及时汇报中控室处理。

（8）环冷机因故短时停机后，鼓风机应继续运转；较长时间停机时，鼓风机在台车上的烧结矿全部冷却排出后方可停止。

（9）烧结矿冷却后出现高温红矿时，应及时采取降温措施，并汇报，同时要通报胶带机注意。

（10）注意拣出检修后和运行中的铁杂物。

E　设备检查

（1）环冷机系统：

传动装置→摩擦片→台车轮→行走轨道→台车→给料溜槽→散料槽→排矿漏斗→密封罩。

（2）鼓风机系统：

电动机→轴承→风机闸门→风管→水管及阀门。

F　突发事故处理

冷却机的故障及处理方法见表5-2。

表 5-2 冷却机的故障及处理方法

序号	故障情况	故障原因	清除方法
1	台车不卸料台车掉道	密封板卡，板式压料，密封板卡，中途掉下弯轮	台车复位
2	风机振动	叶轮平衡	换叶轮更换油或更换轴承
	发热、异音	轴承磨损，缺油	
3	台车轮脱出	轴定位故障	复位、装上定位板
4	台车轮不转	轴承缺油、损坏	更换车轮
5	环形拉链过载	行走轮掉，料过多，造成压料，轴承缺油	更换、清料、加油
6	双重阀不到位	异物	清除异物
7	车轮啃道	跑偏	调整支承轮
8	电动机发出嗡嗡的响声，转速较低不起车	三相交流电中缺一相	停止运行通知电工处理
9	操作箱上指示灯不亮	灯泡烧毁	电工更换
10	运行中电动机温度过高 F 级温升 80℃，B 级温升 75℃	电动机扫膛，轴承发热	停机
11	设备运行中发现电线电缆冒烟	电线电缆老化，绝缘低，对地短路	停电，通知电工处理

5.3.2.4 冷烧结矿破碎的主要操作程序

A 开停机操作

（1）开机前的准备：

1）检查机旁操作箱是否挂有停机牌，确认准备后，通知中控。

2）确认设备的各种装置齐全，不全的通知有关部门。

3）确认工作制开关、事故开关位置正确，减速机油量充足后通知中控。

（2）设备集中启停作业：

1）集中启停由中控统一完成。

2）启停过程中岗位密切监视，发现异常及时处理，并通知中控。

（3）机侧单机操作：

1）通知中控获准后方可进行单机启停操作。

2）确认现场安全后，下游设备运转正常时，将工作制开关打到手动位置后，按下启动键，同时注意该设备运转情况，并随时准备采取应急措施。

B 运转中应注意的事项

（1）卡异物处理，按规程手动操作，顶升齿辊，取出异物。

（2）发现固定筛下粒度明显增大，适时提出建议更换筛板。

（3）发现有异物及时拣出，烧结料过热或粒度明显发生变化，料流不稳等及时报告中控和有关岗位。

C 突发事故处理

冷烧结矿破碎的故障及处理方法见表 5-3。

表 5-3 冷烧结矿破碎的故障及处理方法

序号	故障现象	故障原因	处理方法
1	电动机发出嗡嗡的响声，转速较低，不起车	三相交流电中缺一相	停止运行通知电工处理
2	操作箱上指示灯不亮	灯泡烧毁	电工更换
3	运行中电动机温度过高，F 级温升 80℃，B 级温升 75℃	电动机扫膛，轴承发热	停机
4	设备运行中发现电线电缆冒烟	电线电缆老化、绝缘低，对地短路	停电，通知电工处理
5	天车主电路接不通	（1）电没有送上；（2）保险烧毁；（3）人孔限位没闭上	（1）电工送电；（2）电工更换；（3）关闭人孔限位
6	天车电铃不响	（1）电铃没电；（2）铃锤位置不合理	电工处理调整
7	漏料	漏斗齿辊罩、衬板磨损或开焊	更换漏斗、衬板，补焊
8	角带打滑	超负荷	清除过载
9	非停电停车	大块物料卡住	启动油泵电动机排除物料
10	破碎效果不好，粒度大	储能器不能保压辊子间隙大	更换储能器
11	减速机发热，振动异音	润滑不好，加油不足，轴承损坏	加油，更换轴承
12	漏油	油封老化	更换油封

5.3.2.5 冷筛的主要操作程序

A 开机前的检查

（1）检查本岗位各项安全设施，应完整良好，设备周围无障碍物。

（2）按设备检查表内容对岗位设备进行全面检查，应符合标准。

B 开停机操作

（1）开机：

1）联锁操作制是正常生产时使用。当上述检查完毕认为良好时，把设备事故开关合上，将机旁选择开关选到自动位置。当中控室发出启动铃响信号后，设备即自动启动。

2）非联锁操作制是在检修试车或事故情况下使用。开机前岗位人员要检查好设备，并与有关岗位取得联系后，合上事故开关，并将机旁选择开关选到手动位置，用手按"启动"按钮，设备即行启动。

（2）停机：

1）联锁工作制（设备），岗位正常停机由中控室负责停机。

2）非联锁工作制时，岗位人员按机旁"停止"按钮，设备停机。

3）事故时的紧急停机，不管何种工作制，都是由岗位人员切断事故设备的事故开关或按机旁"停止"按钮，设备即停机。

4）设备停机后，都须切断事故开关或将选择开关选到"0"位。

C 技术操作

（1）严格执行技术操作规程。

（2）筛子应在没有负荷的情况下开机（尽量避免带负荷），待筛子运转平稳后才能给料。停机前需将筛上物料全部排除后才能停机。

（3）经常检查筛板磨损情况，如磨损严重有通洞时，应及时焊补或更换。

（4）应经常保持各部弹簧座的清洁干净，不应有堆料现象；如发现筛子运转异常甚至影响楼板平台时，应停机检查，并及时汇报中控室。

（5）经常检查各部漏斗，保持畅通，发现堵塞及时处理。

（6）保持物料在筛板上的均匀分布，提高筛分效率，以减少烧结矿含粉率。

（7）经常检查筛体各部螺丝有否松动，应及时紧固；筛板、侧板有否开裂，应及时汇报。

（8）冷筛工主要任务是将烧结矿中小于 6mm 的粉矿筛除，作为冷返矿；而大于 6mm 的成品烧结矿送往高炉。

D 运转中应注意的事项

（1）上岗前穿好劳动保护用品。

（2）高空作业必须使用安全带，作业时禁止往下扔东西。

（3）严禁在吊物下停留、行走。

（4）点检、清扫卫生时，严禁触及设备的旋转部位。

（5）设备启动时和运转过程中，周围严禁有闲杂人员。

（6）夜间生产要有良好的照明。

（7）岗位各种安全防护设施必须齐全有效。

（8）清理筛网或其他特殊作业时，必须严格遵守停电挂牌制度，并设专人监护。

（9）皮带机作业执行皮带机岗位安规。

E 设备检查

操作箱→电动机→振动器→筛体。

F 突发事故处理

冷筛的故障及处理方法见表 5-4。

表 5-4 冷筛的故障及处理方法

序号	故障现象	故障原因	处理方法
1	电动机发出嗡嗡的响声，转速较低，不起车	三相交流电中缺一相	停止运行通知电工处理
2	操作箱指示灯不亮	灯泡烧毁	电工更换
3	运行中电动机温度过高，F 级温升80℃，B 级温升75℃	电动机扫膛，轴承过热	停机

序号	故障现象	故障原因	处理方法
4	设备运行中发现电线电缆冒烟	电线电缆老化，绝缘老化，对地短路	停电，通知电工处理
5	激振器温度高	油量不适	检查，调整油量
		密封盖松动	检修坚固
6	筛板磨损	老化漏料	更换
7	挠性板不稳定	运行不稳定	检修更换，调整

5.3.3　烧结产品的质量指标与检验

评价烧结矿的质量指标主要：化学成分及其稳定性、转鼓强度、粒度组成与筛分指数、落下强度、还原性、低温还原粉化性、软化性等。

5.3.3.1　烧结矿化学成分及其稳定性

成品烧结矿的化学成分主要检测：TFe，FeO，CaO，SiO_2，Al_2O_3，MnO，TiO_2，S，P等。要求有用成分要高，脉石成分要低，有害杂质（如 S、P）要少。

烧结矿含铁品位要高，这是高炉精料的基本要求。通常，入炉含铁品位每增加 1%，高炉焦比降低 2%，生铁产量可提高 3%。在评价烧结矿品位时，应考虑烧结矿所含碱性氧化物的数量，因为这关系到高炉冶炼时熔剂的用量。为了便于比较，往往用扣除烧结矿中碱性氧化物的含量来计算烧结矿的含铁量。同时烧结矿的化学成分稳定性要好，如化学成分波动会引起高炉内温度、炉渣碱度和生铁质量的波动，从而影响高炉炉况的稳定，使焦炭负荷难以在可能达到的最高水平上保持稳定，不得不以较低焦炭负荷生产，使高炉焦比升高，产量降低。因此，要求各成分的含量波动范围要小。

S 和 P 是钢与铁的有害元素，如入炉矿石中含 S 升高 0.1%，高炉焦比升高 5%，而且 S 使铸铁件易产生气孔，使钢在热加工过程中产生热脆现象。因此，要求烧结矿的 S、P 等有害杂质含量越低越好。

烧结矿碱度一般用烧结矿中的 $w(CaO/SiO_2)$ 比值表示。一般认为，烧结过程中不加熔剂的烧结矿称酸性烧结矿或普通烧结矿。加少量熔剂，但高炉冶炼时仍加较多熔剂的称熔剂性烧结矿，而加足熔剂，在高炉冶炼时不加或极少量加（调碱度用）的称自熔性烧结矿，烧结矿的碱度在 1.5 以上与酸性料组合成合理炉料结构的烧结矿称高碱度烧结矿。球团矿的区分与此相同。

5.3.3.2　转鼓强度

转鼓强度是评价烧结矿常温强度的一项重要指标。转鼓强度用转鼓试验机测定。转鼓用 5mm 厚钢板焊接而成，转鼓内径 $\phi1000mm$，内宽 500mm，内有两个对称布置的提升板，用 50mm×50mm×5mm，长 500mm 的等边角钢焊接在内壁上，如图 5-6 所示。转鼓由功率不小于 1.5kW·h 的电动机带动，规定转速为（25±1）r/min，共转 8min（200 转）。

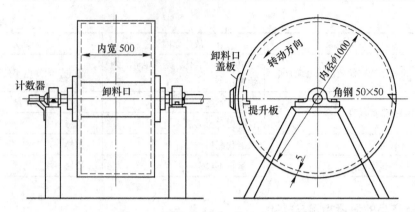

图 5-6　转鼓实验机基本尺寸示意图

测定方法：取烧结矿试样（15 ± 0.15）kg，以 25.0 ~ 40.0mm、16.0 ~ 25.0mm、10.0 ~ 16.0mm 级按筛分比例配制而成，装入转鼓，进行试验。试样在转动过程中受到冲击和摩擦作用，粒度发生变化。转鼓停后，卸出试样用筛孔为 6.3mm × 6.3mm 和 0.5mm ×0.5mm 的机械摇动筛，往复 30 次，对各粒级质量进行称量，并按下式计算转鼓指数和抗磨指数。

转鼓指数：
$$T = \frac{m_1}{m_0} \times 100\%$$

抗磨指数：
$$A = \frac{m_0 - (m_1 + m_2)}{m_0} \times 100\% \tag{5-1}$$

式中　m_0——入鼓试样质量，kg；

　　　m_1——转鼓后，大于 6.3mm 粒级部分的质量，kg；

　　　m_2——转鼓后，0.5 ~ 6.3mm 粒级部分的质量，kg。

T 和 A 均取两位小数值。T 值越高，A 值越低，烧结矿的机械强度越高。要求 $T \geq$ 70.00%，$A \leqslant 5.00\%$。

5.3.3.3　粒度组成与筛分指数

筛分指数测定方法是：按取样规定在高炉矿槽下烧结矿加入料车前取原始试样 100kg，等分为 5 份，每份 20kg，放入筛孔为 5mm × 5mm 的摇筛，往复摇动 10 次，以小于 5mm 的粒级质量计算筛分指数。

$$C = \frac{100 - A}{100} \times 100\% \tag{5-2}$$

式中　C——筛分指数，%；

　　　A——大于 5mm 粒级的量，kg。

筛分指数表明烧结矿的粉末含量多少，此值越小越好。我国要求优质烧结矿筛分指数不大于 6.0%，球团矿 $C \leqslant 5.0\%$。目前许多烧结厂尚未进行此项指标考核。

5.3.3.4　落下强度

落下强度是另一种评价烧结矿常温强度的方法，用来衡量烧结矿抗冲击的能力。它是将一定重量的试样提升至一定高度，让试样自由落到钢板上，经过反复多次落下，测定受冲击后产生的粉末量。

测定方法：将粒度 10～40mm 烧结矿试样量（20±0.2）kg，从 2m 高处，自由落到大于 20mm 厚的钢板上，往复四次，落下产物用 10mm 筛孔的筛子筛分后，取大于 10mm 部分百分数作为落下强度指标。

$$F = \frac{m_1}{m_0} \times 100\% \tag{5-3}$$

式中　F——落下强度，%；

　　　m_0——试样总质量，kg；

　　　m_1——落下四次后，大于 10mm 粒级部分的质量，kg。

优质烧结矿 $F = 86\% \sim 87\%$，合格烧结矿 $F = 80\% \sim 83\%$。

思 考 题

（1）简述冷却机开机前的准备及运行注意事项。
（2）完成环冷机系统机设备点检。
（3）简述冷烧结矿破碎的主要操作程序。
（4）叙述冷筛的技术操作要求。
（5）评价烧结矿的质量指标主要有哪些？

球团矿生产

球团工艺是细磨铁矿粉或其他含铁粉料造块的一种方法。由于对炼铁用铁矿石品位的要求日益提高，大量开发利用贫铁矿资源后，选矿提供了大量细磨铁精矿粉（<200目）。这样的细磨铁精矿粉用于烧结不仅工艺技术困难，烧结生产指标恶化，而且能耗浪费，球团矿生产正是处理细磨铁精矿粉的有效途径。随着我国"高碱度烧结矿配加酸性球团矿"这种合理炉料结构的推广，球团矿生产也有了较大发展。

将准备好的原料（细磨精矿或其他含铁粉料、添加剂或黏结剂等）按一定的比例配料混匀，在造球机上经滚动造成一定粒度的生球，然后采用干燥和焙烧或其他方法使其发生一系列的物理化学变化而硬化固结，所得到的产品就称球团矿。它不仅是高炉炼铁、直接还原和熔剂还原的原料，还可作为炼钢的冷却剂使用。球团矿作为良好的高炉炉料，不仅具有规则的形状、均匀的粒度、较高的强度（抗压和抗磨），能进一步改善高炉的透气性和炉内煤气的均匀分布；而且球团矿 FeO 含量低，有较好的还原性（充分焙烧后，有发达的微孔），更有利于高炉内还原反应的进行。酸性球团矿与高碱度烧结矿搭配，可以构成高炉合理的炉料结构，使得高炉达到增产节焦、提高经济效益的目的。

球团矿的生产工艺流程包括原料的准备、配料、烘干混匀、润磨处理、混合、造球、干燥预热焙烧、冷却、成品与返矿的处理等环节，如图Ⅱ-1所示。

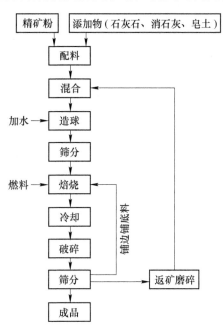

图Ⅱ-1　球团矿的生产工艺流程

实训项目 6　球团造球

实训目的与要求：

（1）能够描述球团原料系统工艺流程；

（2）具备综合应用各种铁精矿粉生产混合料的能力，具备综合应用各种铁精矿粉和添加剂生产生球的能力；

（3）能判断、分析球团原料处理系统、造球和生球输送常见的异常情况，并能正确处置。

考核内容：

（1）具备综合应用各种铁精矿粉、熔剂、燃料进行配料方案确定的能力；

（2）球团造球加水量和加料量的方法，球团造球调整刮刀杆位置的方法；

（3）主要设备的性能、结构、工作原理和操作规程，判断、分析配料设备常见故障，并能正确的处置。

实训内容：

（1）配料、润磨、烘干设备组成和结构，按规程操作设备；

（2）球团造球加水量和加料量的方法，球团造球调整刮刀杆位置的方法；

（3）判断、分析球团造球系统常见异常情况，并能正确处置。

6.1　基本理论

6.1.1　球团原料及其造球前的准备

6.1.1.1　铁矿石精矿

球团矿生产所用的原料主要是铁精矿粉，一般占造球混合料的90%以上，精矿的质量对生球、成品球团矿的质量起着决定性的作用。球团矿生产对铁精矿的要求如下：

（1）粒度。适合造球的精矿小于0.004mm（−325目）部分应占60%~85%，或小于0.074mm（−200目）部分应占90%以上，比表面积大于1500cm²/g。细粒精矿粉易于成球，粒度越细，成球越好，球团强度越高。但粒度并非越细越好，粒度过细磨矿时能耗增加，选矿后脱水困难。

（2）水分。水分的控制和调节对造球过程、生球质量、干燥焙烧、造球设备工作影响很大。一般磁铁矿和赤铁矿精粉适宜的水分为 7.5%～10.5%；小于 0.004mm 占 65% 时，适宜水分为 8.5%；而小于 0.0074mm 占 90% 时，适宜水分为 11%。水分的波动不应超过 ±0.2%，且越小越好。

（3）化学成分。化学成分的稳定及其均匀程度直接影响生产工艺过程和球团矿的质量，全铁含量波动小于 ±0.5%，二氧化硅含量波动小于 ±0.3%。

6.1.1.2　黏结剂

球团生产使用的黏结剂有膨润土、消石灰、石灰石、白云石和水泥等。氧化固结球团常用膨润土、消石灰两种。

膨润土是使用最广泛、效果最佳的一种优质黏结剂。它是以蒙脱石为主要成分的黏土矿物，蒙脱石又称微晶高岭石或胶岭石。蒙脱石是一种具有膨胀性能呈层状结构的含水铝硅酸盐，其化学分子式为：$Si_{18}Al_4O_{20}(OH)_4 \cdot nH_2O$，化学成分为 SiO_2 66.7%，Al_2O_3 28.3%。膨润土实际含 SiO_2 60%～70%，Al_2O_3 为 15% 左右，另外还含有其他杂质，如 Fe_2O_3、Na_2O、K_2O 等。

球团矿生产对膨润土的技术要求：蒙脱石含量大于 60%；吸水率（2h）大于 120%；膨胀倍数大于 12 倍；粒度小于 0.074mm 占 99% 以上；水分小于 10%。膨润土用量一般占混合料的 0.5%～1.0%。国外膨润土的用量为混合料的 0.2%～0.5%，国内由于矿粉粒度较大而膨润土用量较多，一般占混合料的 1.2%～1.5%。膨润土经焙烧后残存部分的主要成分为 SiO_2 和 Al_2O_3，每增加 1% 的膨润土用量，要降低含铁品位 0.4%～0.6%，应尽量少加。

6.1.1.3　熔剂

球团矿添加熔剂的目的主要是改善球团矿的化学成分，特别是其造渣成分，提高球团矿的冶金性能，降低还原粉化率和还原膨胀率等。

常用的碱性添加剂有消石灰、石灰石和白云石等钙镁化合物。其性质、作用和要求与烧结用熔剂相同，但粒度要求比烧结更细，细磨后小于 0.074mm 含量为 90% 以上。

球团矿的配料、混合可参见烧结部分。

6.1.2　混合干燥操作要求

为使造球混合料水分适宜、稳定，成分均匀，满足生产工艺的需要，采用逆流式混匀干燥工艺。混匀干燥机既能起混匀物料的作用，又能起干燥脱水的作用。混合料水分控制在基数 ±0.5% 以内。

6.1.3　造球过程中生球水分的控制

6.1.3.1　造球过程中生球水分与生球强度的关系

造球最佳水分，应根据生球的抗压强度和落下强度这两个重要的特性来确定。水分高于或者低于最佳值时，生球强度都会下降。因为水分低于最佳值，生球中矿粒之间毛细水不足，孔隙被空气填充，因此，生球非常脆弱。若水分过大，使矿粒间毛细管的水过于饱和，这时毛细黏结力将不存在，球就会互相黏结、变形。不同的原料，其最佳造球水分是不相同的。在生球运输过程中，落下强度比抗压强度更显得重要。因此，在实际生产中，生球都是稍微过湿的。希望原料的水分略低于最佳造球水分，在造球过程中再补加少量的水，这样有利于控制生产。

6.1.3.2 造球过程中生球水分的判断与调整造球过程中的加水方法

滴水成球，雾水长大，无水紧密。加水位置必须符合"既易形成母球，又能使母球迅速长大和紧密"的原则，为了实现生球粒度和强度的最佳操作，加水点设在球盘上方，范围偏大。

造球工判断混合料水分大小的方法主要有目测和手测两种。目测：观察来料皮带上的混合料是否有较多个颗粒，如有，说明水分较大。观察圆盘下料，如果混合料在料仓内易棚仓，不易下料，则表明水分较大。手测：主要是造球工经过长时间实际摸索得来的。来矿水分大，则相应减少或停止球盘打水量；来矿水分小，则相应提高球盘打水量。根据混合料水分大小，控制给料量和给水量；混合料水分大时，根据盘内状况相应增加下料量，减少给水量；混合料水分小时，根据盘内状况相应减少下料量，增加给水量。

6.1.4 造球过程中生球粒度的控制

首先检查圆盘下料量是否正常，有无卡块现象，如有应及时处理，下料量过少可能造成生球粒度偏大；其次是检查原料水分是否正常，根据水分大小调整盘内补加水量，生球粒度过大尽量少加水，反之可以考虑多加，并通知原料岗位及时调整原料水分；然后可以调整球盘倾角或转速，以缩短或延长生球在盘内的停留时间；最后，可以通过改变膨润土添加量来控制生球粒度，粒度粗则尽量增加膨润土配比，反之减少。

6.1.5 造球过程中生球成球速度的控制

造球过程中，主要通过以下手段控制生球成球速度。

6.1.5.1 膨润土用量

研究结果表明，随着膨润土用量增加，生球长大速度下降，成球率降低，生球粒度变小并趋向均匀。这种作用对细粒度铁精矿粉更为明显。

产生这种现象的原因，主要是由于膨润土的强吸水性和持水性所决定的。在成核阶段，球核因碰撞发生聚结长大，但球核内的水因被膨润土吸收，而不易在滚动中挤出到球核表面，从而降低了水分向球核表面的迁移速度，当球核表面未能得到充分湿润，球核在碰撞过程中得不到再聚结的条件下，生球长大速度（即成球速度）降低，相应成核量就会增多，使总的生球粒度小并均匀化，从而大大有利于生产中等粒度（直径为 6 ~ 12mm）的球团。

6.1.5.2 水分

每一种原料都有其一个最适宜的水分值（即临界值）。在临界值以下，原料的成球速度随水分用量的增加而提高；若超出临界值以后，则原料将因黏性和塑性增大而不能制成具有一定强度和粒度的生球。

研究证明：某铁精矿粉在外加水分为7%时，基本上不能成球；小于5mm的粉末占95%，在水分达8%后，成球率和生球长大速度才迅速提高；但当水分达10.3%时，生球表面过湿严重，球粒间发生黏结。当加入1.5%膨润土后，成核率提高，水分在7%～7.5%时，仅有30%球核，当水分达10%时，生球发生黏结。

6.1.5.3　提高物料的成核率，降低生球长大速度

在造球物料中加入膨润土提高物料的成核率，降低生球的成长速度，使生球粒度趋向小而均匀，提高造球机的出球率。造球物料成核率的提高，是由于膨润土强烈的水化作用，加强了矿粒的黏结作用（毛细黏结力和分子黏结力）所致。

（1）减少碰撞效果。球团长大的速度由碰撞机理来决定，球团直径增加的比值取决于碰撞频率和有效碰撞概率，而有效碰撞概率取决于造球过程中母球是否容易破碎，母球强度好，意味着球团直径的增长总比值降低。由于膨润土是极细的颗粒，在造球过程中易于吸水膨胀并能分解成片状组织，具有黏性和很好的成球性，这样使母球有了稳定的结构，提高了母球强度，也就减慢了生球的成长率。

（2）降低有效造球水分。生球成长速度降低的另外一个原因，是膨润土降低了有效造球水分的结果。因为膨润土是典型的层状结构，它和水有特殊的亲和力，大量的水分被吸附在层状结构中，这种层间吸附水黏滞性大，在造球过程中不能沿着毛细管迁移。因此当原料水分一定时，随着膨润土用量增加，被吸附在层间的水分就多，对成球起主导作用的毛细水就相应减少，使母球在滚动过程中表面很难达到潮湿要求，母球的成层或聚结长大效果也就因此降低，生球的长大速度就减慢。

6.1.6　生球强度的改进与调整

6.1.6.1　造球机给料量

给料量大小与生球粒度及强度的关系：一般来说，给料量越大，则生球粒度越小，强度越低。

6.1.6.2　原料水分

原料水分的变化对造球的影响：在不超过极限值的范围内，水分越大，成球越快；水分越小，成球越慢。磁铁矿造球的适宜水分为7.5%～8.5%，造球前的原料水分应低于适宜的生球水分。造球过程中的加水方法：滴水成球，雾水长大，无水紧密。超过适宜水分，生球粒度粗，抗压强度急剧下降，料层透气性差。生球水分低于适宜水分，成球率低，抗压强度和落下强度均难以达到要求。

6.1.6.3　膨润土的配比

配比过大，生球粒度变小，造球机产量降低，加水量增加，且加水困难；同时还会引起生球不圆和变形，抗压强度降低。配比过小，生球落下强度和抗压强度均难以保证。

6.1.6.4 生球尺寸

生球的尺寸在很大的程度上决定了造球机的生产率和生球的强度。尺寸小，生产率高；尺寸大，造球时间长，生产率低，落下强度就低。但是尺寸太小，抗压强度就变小，从而影响了链箅机的透气性。因此，合理的生球粒度即是提高造球产量的需要，也是提高生球强度的需要。

6.1.6.5 造球时间

造球时间主要是由圆盘倾斜角和转速以及给料量来控制。延长造球时间对提高生球强度是有好处的，但是降低产量。同时，造球时间还与原料的粒度有关，物料过细或过粗，所需要的造球时间均较长，产量降低。

6.1.6.6 原料粒度和粒度组成

原料粒度和粒度组成直接影响着物料的成球性和生球的强度。因此，可以通过调整原料的粒度和粒度组成来改善物料的成球性和生球强度。

（1）原料的粒度。粗粒度的原料不能成球或成球性能很差。对生球的形成、长大和强度起主导作用是毛细黏结力。原料的粒度比较单一时，随着颗粒尺寸的增大，毛细管的尺寸变大，接触点数目减少，其黏结强度降低。因此，对造球来说，原料的粒度首先要达到一定的细度要求。因此，提高原料的细度，可以增加颗粒的接触面积和减少毛细管直径，提高毛细作用力和分子黏结力，生球强度也变大。但若原料的粒度过细，则会由于毛细管直径变小，而使阻力增加，导致成球过程中毛细水的上升速度变慢，影响了水分的迁移速度，使造球的时间长，减低了成球速度和造球机得产量。因此，对造球原料的粒度有一个基本要求。

一般要求精矿的粒度上限不超过 0.2mm，小于 0.074mm 的粒度级应大于 80%~90%，比表面积为 1500~1900cm²/g。对于添加剂，膨润土的粒度最低要求为小于 0.074mm 应占 99%。

（2）原料的粒度组成。原料的粒度组成和生球的强度有很大关系，因为影响颗粒间毛细力和分子结合力不仅仅与原料的粒度组成有关，而且与生球的孔隙度有关。而孔隙度得大小主要与原料的粒度组成和排列有关。生球内颗粒最紧密的堆积理论，就是大颗粒之间嵌入中颗粒，中颗粒之间嵌入小颗粒，在这种情况下颗粒的排列最紧密，生球强度最高。

因此，用于造球原料应该由不同的原料粒度组成，用粒径较宽的颗粒造球，其孔隙度小于粒径范围窄的颗粒。因此，适当的粗颗粒在造球中起"球核"和"骨架"作用，能促进母球的生成和生球的强度的提高；而小的微细粒，由于表面能大，属于黏结性颗粒，能显著提高生球强度。根据研究，生球的强度受微细颗粒的影响很大，在矿粉中小于 0.045mm 的百分比增加时，生球强度不是呈直线的增加，只在小于 0.02mm 矿粉的百分比增加时，生球的强度才能呈直线关系增加。

圆盘造球机的直径增大，造球的面积也跟着增大，这样加入造球盘的料量也就增多，使物料在球盘内的碰撞几率增加，成核率和母球的成长速度均得到提高，生球产量也就提高。由于造球盘直径增大，使母球或物料颗粒的碰撞和滚动次数增加，这样所产生的局部压力也提高，使生球较为紧密气孔率降低，生球强度提高。

6.2　主要设备

6.2.1　磨矿设备

　　矿石的粉碎过程通常是在磨矿机中进行的。仅用破碎方法使有用矿物达到必要的单体分离状态是不可能的，必须用磨矿设备将矿石继续磨到所需的粒度，其工作原理如图6-1所示。磨矿机是一个两端具有中空轴的回转圆筒，筒内装有一定数量的钢球或钢棒。一般钢球的体积约占磨矿机体积的40%~50%。矿石和水从一端的中空轴给入圆筒，从另一端的中空轴排出。当圆筒按规定的转数工作时，磨矿介质（钢球、钢棒）在筒内可作抛落运行和滑动，借助介质与矿石之间的冲击和磨剥作用而使矿石磨碎。磨碎的矿石与水形成矿浆（湿式磨矿），由排矿端的中空轴排出。

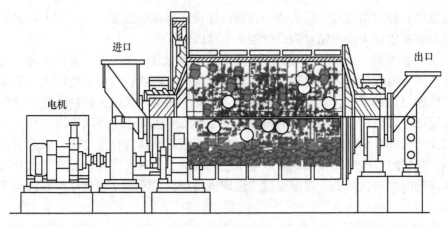

图 6-1　球磨机

6.2.2　混合设备

6.2.2.1　双轴搅拌机

　　双轴搅拌机由搅拌叶片、机壳和传动部分所组成。物料从搅拌机的一端加入，叶片转动时物料被搅拌并推向前进，然后从另一端底部排料口排出。搅拌机主要用于物料的搅拌混匀及润湿，适用于混合料坡度与水分较大的物料，其结构如图6-2所示。该设备构造简单，多作为球团厂一次混料用。其缺点是产量低，搅拌叶片磨损严重。

6.2.2.2　轮式混料机

　　轮式混料机是一种简易的混料设备，在球团厂用于混合料的混匀，效果较好。

　　轮式混料机有单轮和多轮两种类型。单轮混料机由钢板和方形钢棒焊接而成，如图6-3所示。多轮混料机是由钢板做成叶片排列组成，并安装在皮带机上。当轮子转动时，物料以一定的高度落到混合轮上，被旋转的钢棒打成散乱状态，使物料混匀。

图 6-2 双轴搅拌机

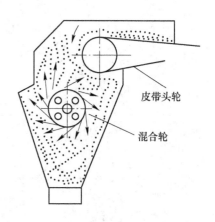

图 6-3 单轮混料机混料过程图

轮式混料机体积小，重量轻，耗电量少，结构简单，工作可靠，便于制造维修，适于原料较单一的球团厂。但对于水分大且黏性较大的物料，因易粘料，致使混匀效率降低。

6.2.3 造球设备

造球设备主要有圆筒造球机和圆盘造球机两类。

6.2.3.1 圆筒造球机

圆筒造球机是球团厂采用最早的造球设备。其构造与烧结厂用的圆筒混料机相似，圆筒内安装与筒壁平行的刮刀，圆筒的前端安装加水装置。圆筒直径为 2.44 ~ 3.5m，长度通常为直径的 2.5 ~ 3.5 倍。圆筒的圆周速度为 0.35 ~ 1.35m/s，转速范围一般为 8 ~ 16r/min，倾角 6°左右。

圆筒造球机结构简单，设备可靠，运转平稳，维护工作量小，原料适应性强，单机产量大。但圆筒利用面积小，设备重，电耗高。因本身无分级作用，排出的生球粒度不均匀，需要筛分。

6.2.3.2 圆盘造球机

圆盘造球机是目前广泛使用的造球设备，从结构上可分为伞齿轮传动的圆盘造球机和内齿轮圈传动的圆盘造球机。

伞齿轮传动的圆盘造球机主要由圆盘、刮刀、刮刀架、大伞齿轮、小圆锥齿轮、主轴、调倾角机构、减速机、电动机、三角皮带和底座等组成，如图 6-4 所示。造球机的转速可通过改变皮带轮的直径来调整，圆盘的倾角可以通过螺杆调节。

圆盘造球机选出的生球粒度均匀，不需要筛分，没有循环负荷。采用固体燃料焙烧时，可在圆盘的边缘加一环形槽，就能向生球表面黏附固体燃料，不必另添专门设备。圆盘造球机质量小，电耗少，操作方便，但是单机产量低。

内齿轮圈传动的圆盘造球机是在伞齿轮传动的圆盘造球机的基础上改进的。改造后的

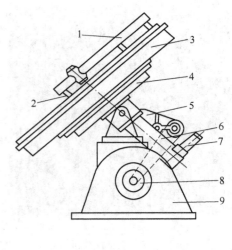

图 6-4　伞齿轮传动的圆盘造球机

1—刮刀架；2—刮刀；3—圆盘；4—伞齿轮；5—减速机；6—中心轴；7—调倾角螺杆；8—电动机；9—底座

造球机主要结构为：圆盘连同带滚动轴承的内齿圈固定在支承架上，电动机、减速机、刮刀架均安在支承架上，支承架安装在机座上，并与调整倾角的螺杆相连，当调节螺杆时，圆盘连同支承架一起改变角度，如图 6-5 所示。

内齿圈传动的圆盘造球机转速通常有三级。通过改变皮带轮的直径来实现的，这种圆盘造球机的结构特点是：

（1）造球机全部为焊接结构，具有质量小、结构简单的特点。

（2）圆盘采用内齿圈传动，整个圆盘由大型压力滚动轴承支承，因而运转平稳。

（3）用球面蜗轮减速机进行减速传动，配合紧凑，圆盘底板焊有鱼鳞保护衬网。

（4）操作方便，出球率高，生球质量好，对原料的适应性强，设备运转可靠，维修工作量小。

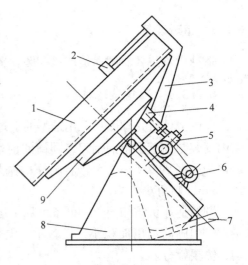

图 6-5　内齿圈传动的圆盘造球机

1—圆盘；2—刮刀；3—刮刀架；4—小齿轮；
5—减速器；6—电动机；7—调倾角螺杆；
8—底座；9—内齿圈

6.3　操　作

6.3.1　职责

（1）严格遵守各项规章制度，服从分配，完成本职工作，确保正常生产。

（2）熟悉岗位设备性能，正确操作设备，完成生产任务。

（3）负责作业标准的执行，工艺参数的控制及信息反馈。

（4）负责本岗位设备手动状态下的润磨机及附属设备的开停机操作、设备的维护与保养、排除润磨机本体及附属设备的操作故障。

（5）带有矿仓和卸料设备的岗位做到按矿种分仓放料和保证料槽满足生产需要。

（6）负责设备的点检、检修配合、检查及试车验收。负责附属设备、设施的看护。

（7）负责岗位设备及环境卫生清洁。

6.3.2　操作程序与要求

球团生产是连续性很强的工艺过程，各生产环节密切相关，只有操作好每个环节，才能获得高炉冶炼的优质原料。

原料准备、配料、混合与烧结相似。

6.3.2.1　干燥机的操作

A　开停机作业

（1）开机前准备：

1）集中供油系统开启，各供油点油量正常。

2）润滑水系统正常。

3）煤气、空气压力正常，清洗煤气用氮气压力正常。

4）确认热风炉助燃风机正常。

5）确保安全设施完好无缺。

6）确认干燥机筒体内无人及杂物。

7）干燥机紧急事故开关处于正常位置。

8）向主控汇报运行前准备情况。

（2）开机：

1）皮带机：

①检查确认：漏斗内无异物、皮带机上下无人和异物及减速机油量到位。

②启动：将选择开关置"手动"位置→按"预告"按钮→按"启动"按钮→检查设备运转情况。

2）干燥机：

①和主控联系干燥机机侧启动。

②检查确认：干燥机内无人及杂物、集中润滑系统正常运转、电源已通及各部位的螺栓无松动。

③启动热风炉：热风炉助燃风机启动→热风炉点火正常（点火程序见热风炉点火特殊作业）。

④启动干燥机：现场条件具备后将选择开关置"手动"位置→按"启动"按钮。

（3）停止：

1）皮带机系统：

①按"停止"按钮。

②确认设备停止。

2）干燥机正常停机（当需要熄火倒料时）：

①停机前 30min 进行熄火作业。

②熄火后 10min 停止加湿料。

③倒空干燥机内的物料后，按"停止"按钮，停主传动电动机，并将机旁选择开关置"手动"位置。

④顺延停后续设备。

⑤主机停止后，拨动慢动电动机接手使之与减速机接手结合，将选择开关打到"辅助电机"位置，启动辅助电动机使干燥机慢转。

⑥干燥机筒体内温度低于 50℃ 以下后，按"停止"按钮，停辅助电机。

3）临时故障停机：

①确认热风炉烧嘴煤气流量达到最小值，只开 1～2 个烧嘴阀门并控制火焰最小。

②监视炉内火焰，防止火焰喷出烧坏设备。

③将选择开关打到"辅助电机"位置，将干燥机慢转，至筒体温度降至 50℃ 以下止。

4）机侧紧急停止（当发生重大人身设备事故时）：

①按下机侧紧急停止开关。

②调整干燥机火焰最小或熄火作业（见热风炉特殊操作部分）。

③事故解除后将紧急开关复位。

B　要求

（1）根据干燥后的精矿实际水分，合理要求调整给料量。

（2）调整好干燥介质温度严禁超过控制温度，以免高温损坏干燥设备和烫伤皮带。

（3）调整好鼓风量，确保干燥效果。

（4）干燥后保证精矿水分小于 8%。

（5）干燥后的物料温度不允许超过 60℃。

（6）干燥机的热风管入口温度不允许超过 700℃，炉温控制在 850～900℃。

（7）打开高炉煤气阀门时必须保证液化气烧嘴有充分的明火。

C　检查路线

干燥机：给料漏斗→机头密封罩→托圈→托轮→主电动机→对轮→减速机→联轴器→大齿圈及罩子→油箱→机尾密封装置→机尾溜槽→筒体→下料系统→水系统→振动器→热风炉→干燥鼓风机→煤气系统→干燥机。

风机：操作箱→电动机→对轮→风机轴承油位→风机壳及转子。

皮带机：电动机→减速机→头部漏斗→头轮→上下托辊→机架→皮带→尾轮→尾部护罩→导料栏板→拉紧装置。

6.3.2.2　圆盘造球机的操作

圆盘造球机是我国常用的生球制造设备。为了生产出数量适当、粒度均匀并具有一定强度和热稳定性的生球，生产中应注意以下几个问题：

（1）造球机在运转正常后方可加料。

（2）根据布料工的要求，及时调节圆盘给料机的给料量，尽量保持生球流量稳定。

（3）根据原料的干燥程度，及时调节外加水或增减造球盘的数量，力求生产出合格粒度的生球。

（4）注意来料水分情况，发现过湿或过干，应及时与干燥机或值班室联系。

（5）遇停电时，应将事故开关关上；遇断水时，应及时报告，并根据造球情况决定是否立即停止造球。

（6）生球质量应符合标准。

（7）圆盘内的刮板有损坏应及时更换。

圆盘造球机的主要操作步骤包括以下几个方面。

A　开机操作

（1）开机前的检查与准备：

1）检查各部位润滑点和油路是否畅通。

2）确认造球盘附近无人工作，并确认油站压力正常。

3）确认造球盘盘边有无开裂，盘面衬板是否平整及刮刀、加水管位置是否固定。

4）接预开机指令后，确认操作按钮上没有检修牌。

5）检查各仪器、仪表是否正常、设备是否有电。

6）检查造球盘减速机、电动机各运转部位有无障碍物。

7）检查皮带、圆辊筛各操作开关是否在"联锁"状态，事故开关、运行开关是否复位。

8）确认检修人员是否全部撤离检修岗位。

（2）开机操作：

1）按开机指令后，将联锁转换开关扳到所需要的位置，此时，停机信号绿灯亮，具备启动条件。通知主控室集中启动皮带、圆辊筛。

2）按圆盘给料机启动按钮，将速度调至下料正常，开始向造球盘下料。

3）打开油站加压，先启动底刮刀，再启动造球盘，通知矿槽岗位分料。

4）启动圆盘给料机，转动调速电位器，均匀地由小而大到合适的速度范围内，频率调节不允许超过50Hz。观察仪表、电动机、设备是否工作正常。

5）待生球稳定输送后，开机完毕。

6）在交接班本中记录开机时间。

B　停机操作

（1）接检修停机指令后，将矿槽的余料全部下到造球盘上，待矿槽没料后，将圆盘给料机调速旋钮调至"0"位，按下"停止"按钮，然后切断事故开关，圆盘给料机停。

（2）造球盘内物料填充率降至10%以下，先停造球盘，再停底刮刀，最后关闭油站。

（3）待皮带、圆辊筛无料，通知主控，集中控制停机。

（4）挂上检修牌，汇报停机工作完成。

（5）在交接班本中记录停机原因、停机时间。

C　要求

（1）圆盘转速的调整由更换装在减速机上的大齿圈实现。

（2）圆盘倾角的调整：调整圆盘倾角，必须在停机进行，角度调整后，拧紧机架上手轮。

（3）操作时注意圆盘和刮刀旋转方向的正确，人面对圆盘看，圆盘逆时针旋转时，底刮刀顺时针旋转。

（4）操作时，随时注意减速机，开始齿轮和诸润滑油点的润滑情况，出现不良现象及时处理。

（5）空盘运转时首先应进行"磨盘底"，上少量混合料，可直接向盘面加水，必要时可直接往盘中抛洒少量皂土，控制好加水量和转速，使盘底形成一定厚度料衬（30～40mm），并检查调整好刮刀位置和高度。

（6）根据盘面物料分布情况随时调节给料量、给水量、球盘转速等参数，并及时清理出球盘内的特大球及异物，并及时清理导料板、筛辊上的积料和筛辊粘料。

（7）启动造球机前应检查底盘有无坚硬结块及杂物，如有则应处理后再行启动。停造球机时应先关闭喷水管，停止给料，待盘内成球基本排出后再停机。如果长时间停机则应清净盘内物料。

（8）向盘内布料：加料应本着"既易形成母球又能使母球迅速长大密实的原则"故在成球区布大量料，不在紧密区布料。

（9）粒度控制：要求小粒度球团，则圆盘倾角应大一些，喷洒水滴要小；要求大粒度则与其相反。水分控制：物料造球前，最好把水分控制好，然后本着"滴水成球、雾水长大、无水紧密的原则"，大部分水以滴状物加在料流上，少量水以雾状加在长球区母球表面。紧密区禁止加水，以防降低生球强度和粘料。

（10）圆盘给料机供料应保持均匀，严防料门堵塞。

（11）随时了解链箅机运行情况并配合及时增开或停止造球盘。

D　检查路线

圆盘给料机→皮带秤→造球盘→电动刮刀→加水设备→主电动机→减速机→齿轮→送球小皮带→筛分机→集中润滑系统。

E　圆盘造球机常见故障及处理

圆盘造球机常见故障及处理措施见表6-1。

表6-1　圆盘造球机常见故障及处理措施

常见故障	原　因	处　理　措　施
圆盘跳动或运转不平	（1）圆盘盘底与大齿轮之间的连接螺栓松动； （2）圆盘盘底与主轴连接盘之间的螺栓松动； （3）圆盘面上的耐磨衬板松脱或翘起摩擦刮刀； （4）主传动装置大小齿轮副啮合差，或齿轮严重磨损	（1）检查、紧固连接螺栓； （2）检查、紧固连接螺栓 （3）处理衬板，调节刮刀架 （4）检查齿轮副的啮合及磨损情况，必要时更换齿轮
减速机内有异响及噪声	（1）轴承损坏； （2）减速机内缺润滑油； （3）齿轮损坏	（1）更换轴承； （2）适量加注润滑油； （3）更换齿轮
机壳发热	（1）润滑油变质，或润滑油牌号不符合要求； （2）减速机透气孔不通	（1）更换润滑油； （2）畅通透气孔

6.3.3　造球过程中常见事故及处理方法

6.3.3.1　停机、停水事故及处理

在运转过程中，如突然停电要求及时停圆盘给料，小皮带；如圆盘给料机停电，则等造球盘内料往外抛3～5min再停止造球盘。

在运转过程中，如突然停水要根据盘内来料水分及时调整下料量，并及时向主控室反馈；如来料水分过小形不成球时要立即停止。

6.3.3.2　断水、断料的预防处理

当发现球盘断水后，要根据来矿水分实际情况及时调整下料量，如来料水分过小形不成合格的球，要立即停盘。当发现断料时，首先检查圆盘下料口有无卡物，然后启动电振器，振打料仓仓壁，如无料，及时通知主控停盘。

6.3.3.3　造球操作过程中异常现象的处理方法

（1）生球粒度偏大。首先检查圆盘下料量是否正常，有无卡块现象，如有要及时处理，发现棚仓要及时开启电振器，振打料仓壁，造球增加下料量；其次是检查原料水分是否正常，根据水分大小，调整盘内加水量，并通知原料岗位。若以上两种方法还不能使粒度恢复正常，就进行调整角度，缩短生球在盘内的停留时间。

（2）物料不出造球盘，盘内物料运动轨迹不清。

1）检查下料量是否增多，适当调整下料量；

2）适当增加盘内水量；

3）检查原料膨润土配比是否正常，膨润土要通知原料岗位及时调整；

4）检查低刮刀是否完好，低料的粒度是否平整，发现刮刀损坏及时更换。

（3）造球时盘内物料不成球；

1）检查物料的粒度是否合适，粒度大时，延长造球时间；

2）检查球盘转速是否过快，是过快要降低转速；

3）检查水分是否适宜，加水位置是否正常；

4）检查膨润土配加量是否适宜，多时减膨润土，少时加膨润土。

6.3.4　生球质量的检验

生球质量的好坏对成品球团矿质量有着重要意义。质量良好的生球是获得高产、优质球团矿的先决条件。优质的生球必须具有适宜而均匀的粒度，足够的抗压强度和落下强度以及良好的抗热冲击性。

6.3.4.1　生球粒度组成

生球的粒度组成用筛分方法测定。我国所用方孔筛尺寸（mm）为25×25、16×16、10×10、6.3×6.3，筛底的有效面积有400mm×600mm和500mm×800mm两种。可采用人工筛分和机械筛分。筛分后，用不同粒度（mm）>25.0、16.0～25.0、10.0～16.0、

6.3 ~ 10.0 和 < 6.3 的各粒级的质量百分数表示。

　　生球粒度组成一般为：10 ~ 16mm 粒级的含量不少于 85%， > 16mm 粒级和 < 6.3mm 粒级的含量均不超过 5%，球团的平均直径以不大于 12.5mm 为宜。国外控制在 10 ~ 12.7mm。这样可使干燥湿度降低，提高球团的焙烧质量和生产能力。同时，在高炉中由于球团粒度均匀，孔隙度大，气流阻力小，透气性好，还原速度快，为高炉高产低耗提供有利条件。若粒度过大，不仅降低球团在高炉内的还原速度，而且使造球机产量降低，也限制生球干燥和焙烧过程的强化。

6.3.4.2　生球的抗压强度

　　生球的抗压强度是指其在焙烧设备上所能承受料层负荷作用的强度，以生球在受压条件下开始龟裂变形时所对应的压力大小表示。抗压强度的检验装置大多使用利用杠杆原理制成的压力机，如图6-6 所示。

　　选取 10 个粒度均匀的生球（一般直径为 11.8 ~ 13.2mm 或 12.5mm 左右），逐个置于天平盘的一边，另一边放置一个烧杯，通过调节夹头，让容器中的铁屑不断流入烧杯中，使生球上升与压头接触，承受压力。至生球开始破裂时中止加铁屑，称量此时烧杯及铁屑的总质量，即为这个生球的抗压强度。以被测定的 10 个生球的算术平均值作为生球的抗压强度指标。

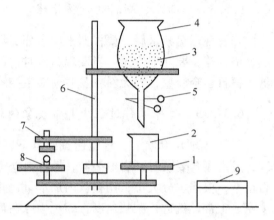

图 6-6　生球抗压强度的检验装置
1—天平；2—烧杯；3—铸铁屑；4—容器；5—夹头；
6—支架；7—压头；8—试样；9—砝码

　　生球的抗压强度指标：湿球不小于 90N/个，干球不小于 450N/个。

6.3.4.3　生球的落下强度

　　生球由造球系统到焙烧系统过程中，要经过筛分和数次转运后才能均匀地布在台车上进行焙烧，因此，必须要有足够的落下强度以保证生球在运输过程中既不破裂又很少变形。其测定的方法是：取直径为接近平均直径的生球 10 个，将单个生球自 0.5m 的高度自由落到 10mm 厚的钢板上，反复进行，直至生球破裂为止的落下次数，求出 10 个生球的算术平均值作为落下强度指标，单位为"次/个"。

　　生球落下强度指标的要求与球团生产过程的运转次数有关，当运转次数小于 3 次时，落下强度最少应定为 3 次，超过 3 次的最少应定为 4 次。

6.3.4.4　生球的破裂温度

　　在焙烧过程中，生球从冷、湿状态被加热到焙烧温度的过程是很快的。生球在干燥时便会受到两种强烈的应力作用（水分强烈蒸发和快速加热所产生的应力），从而使生球产生破裂或剥落，结果影响了球团的质量。生球的破裂温度就是反映生球热稳定性的重要指标，是指生球在急热的条件下产生开裂和爆裂的最低温度。要求生球的破裂温度越高越好。

我国现采用电炉装置测定检验生球破裂温度，如图 6-7 所示。方法为：取直径为 10 ~ 16mm 的生球 10 个或 20 个，放入用电加热的耐火管中。每次升温 25℃，恒温 5min，并用风机鼓风，气流速度控制为 1.8m/s。以 10% 的生球呈现破裂时的温度值，作为生球的破裂温度指标。一般要求破裂温度不低于 375 ℃。

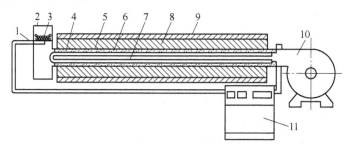

图 6-7　生球的破裂温度的测定装置

1—热电偶；2—耐火管；3—试样；4—耐火纤维；5—氧化铝管；

6—2×4kW·h 铁铬铝电炉丝；7—刚玉管；8—耐火材料；

9—钢壳；10—鼓风机；11—可控硅温控装置

思 考 题

（1）配料中增加膨润土配比，有哪些不良后果？

（2）为什么必须在造球机内设置刮刀？合理的刮板布置应符合什么要求？

（3）简述圆盘造球机圆盘跳动的原因及处理方法。

（4）如何正确安全地启动造球盘？圆盘造球机在操作过程中有哪些要求？

（5）简述造球操作过程中异常现象的处理方法。

（6）按照生产单位的技术条件、设备条件和各种操作规程及技术指标要求，完成球团矿的造球操作。

（7）优质的生球必须具有哪些要求？

实训项目 7　球团矿质量的鉴定

实训目的与要求：

（1）明确球团矿的质量指标包括哪些内容；

（2）完成球团矿化学成分的检测；

（3）完成球团矿转鼓强度和抗压强度的检验；

（4）在教师的指导下，完成球团矿还原性能、低温还原粉化性能、还原膨胀性能以及高温软化熔滴性能的检验；

（5）运用所学的知识，分析提高球团矿质量所采取的措施。

考核内容：

（1）进行成品球团矿的质量检验；

（2）组织确定收集和分析数据，通过分析数据找出影响质量的因素；

（3）纠正和预防措施的实施。

实训内容：

（1）球团矿理化性能的检测；

（2）球团矿冶金性能的检测。

7.1　基本理论

7.1.1　影响球团矿焙烧固结的因素

影响球团焙烧固结的因素可归纳为原料特性、生球质量、焙烧制度及冷却速度四个方面。

7.1.1.1　原料特性

原料特性包括铁精矿类型、铁精矿的粒度、添加物、精矿粉中的硫含量等内容。

磁铁精矿和赤铁精矿是生产球团矿所用的铁精矿粉，由于磁铁精矿粉在氧化气氛中焙烧时能发生氧化、放热和晶型转变，而赤铁矿没有这种变化，因此磁铁矿生球焙烧时所需的温度和热耗都较低，更易于焙烧固结，球团矿的质量也较好。而赤铁矿生球的焙烧全部靠外界供热，要求的焙烧温度高，范围窄（除熔剂性球团外，要控制在 1300～1350℃之间），所以球团矿的强度不及磁铁矿球团。

铁精矿的粒度影响因素为比表面积的大小，它影响铁矿粉的氧化和固结。粒度细，比表面积大，有利于磁铁矿的迅速氧化；且粒度细时，表面的晶格缺陷多，活性强，对固结反应有利。

对于添加物石灰石和消石灰来说，由于它们都含有 CaO，在氧化气氛中焙烧时，可生成铁酸钙、硅酸钙的液相体系。这样，一方面有利于矿粉颗粒的黏结；另一方面，液相的存在还有利于单个结晶离子的扩散，从而促进晶粒的长大，提高球团矿的强度，更重要的是改善了球团矿的冶金性能。

晶粒长大的影响对添加物白云石来说，由于它含有 MgO，在高温焙烧时可与铁氧化物生成稳定的镁铁矿和镁磁铁矿等含镁物质，阻碍了难还原的铁橄榄石和钙铁橄榄石的形成，促进了矿粉颗粒之间的黏结，提高了球团矿的软化温度和高温还原强度。和石灰熔剂性球团矿相比，白云石熔剂性球团矿具有较低的还原膨胀率、较高的软化温度及较小的还原滞后性等优良性能。不过，添加物过多，会使矿粉颗粒互相隔离，妨碍铁氧化物的再结晶与晶粒长大，会使液相生成过多而破坏焙烧作业，降低球团矿的软化温度，影响球团矿的强度，会使焙烧后的球团矿中自由的 CaO 增多，因此生产中应通过试验确定其用量，以获得最佳的焙烧效果。必须强调指出，熔剂添加物的粒度对球团矿强度也有很大影响。石灰石粒度越小，焙烧时分解和矿化作用越完全，越有利于铁酸钙的形成和游离 CaO 白点的清除，这对提高球团矿的强度是有重要作用的。

精矿粉中硫含量的高低也会影响球团矿的焙烧固结。精矿粉中硫含量偏高时，由于氧对硫的亲和力比对铁的要大，因此硫比铁先氧化，这样就容易阻碍磁铁矿的氧化，同时氧化产生的含硫气体在向外扩散时，不仅可阻隔氧向球核的扩散，而且妨碍颗粒的固结，最终影响球团矿的强度。因此，要求精矿粉中硫含量一般不超过 0.5%。试验表明，当磁铁精矿中硫质量分数为 0.3% 时，其非熔剂性球团矿在氧化到 11min 时，氧化度即可达到 98.4%，单球强度达到 1960N；同样条件下，采用含硫量为 0.98% 的磁铁精矿粉制得的球团焙烧时，直到 21min，其氧化度才达到 93%，单球强度为 882N。

7.1.1.2 生球质量

生球质量是影响焙烧固结的先决条件。生球强度高、热稳定性好、破裂温度高，可防止生球在高温焙烧时破裂，有利于改善成品球团矿的质量。而有裂纹的生球，将影响球团焙烧的作业，最终导致球团质量的降低。

生球的尺寸则影响生球的氧化和固结速度。由于球团的加热时间与球团直径的 1.4 次方成正比，且球团的氧化和还原时间与球团直径的平方成正比，因此生球的粒度过大，将延长焙烧时的加热时间，并使氧气难以进入球团内部，从而导致球团的氧化和固结进行得不完全，最终降低生产率与焙烧质量。特别是生产赤铁矿球团时，全部热量均需外部提供，粒度过大的生球会使内部难以达到要求的温度而形成夹生。适宜的生球粒度一般为 9~16mm。在满足冶炼要求的前提下球团粒度小些，对焙烧一般是有利的。

7.1.1.3 焙烧制度

球团的焙烧制度对球团矿固结有显著影响。焙烧制度包括焙烧温度、加热速度、高温保持时间和气氛性质。

A　焙烧温度

一般来说，焙烧温度越低，焙烧过程中发生的物理化学反应就越慢，不利于球团的焙烧固结。随着焙烧温度的提高，磁铁矿氧化就越完全，赤铁矿与磁铁矿的再结晶与晶粒长大的速度就越快，焙烧固结的效果也逐渐显著。

合适的焙烧温度也与原料条件有关，赤铁矿的焙烧温度比磁铁矿高，高品位精矿粉可以采用比低品位精矿粉更高的焙烧温度而不渣化。从设备条件、设备使用寿命、燃料和电力角度出发，应尽可能选择较低的焙烧温度，因为高温焙烧设备的投资与消耗要高得多。然而降低焙烧温度也是有限制的，焙烧的最低温度应足以在生球的各颗粒之间形成牢固的连接。

实际选择的焙烧温度，必须考虑各种因素。在生产高品位、低 SiO_2 的酸性球团矿时，焙烧温度可达 $1300 \sim 1350℃$；生产熔剂性磁铁矿球团时，焙烧温度范围是 $1150 \sim 1250℃$；焙烧赤铁矿球团时，温度在 $1200 \sim 1300℃$ 之间。

B　加热速度

球团焙烧时的加热速度可以在 $12 \sim 57℃/min$ 的范围内波动，它对球团的氧化、结构、常温强度和还原后的强度均能产生重大影响。加热速度低，可以均匀加热，减少裂纹，使氧化过程更完全，但不利于提高生产率。加热速度过快时，将导致以下不良后果：

（1）快速加热时，磁铁矿生球内部的 Fe_3O_4 在来不及完全氧化时就会与 SiO_2 结合成 Fe_2SiO_4 液相，阻碍内部颗粒与氧接触，这样，Fe_3O_4 因氧化不完全会形成层状结构。

（2）升温过快时，会使球团各层温度梯度增大，从而产生差异膨胀并引起裂纹。

由于快速加热而生成的层状结构球团，在受热冲击和断裂热应力而产生的粗大或细小裂缝，往往以最高温度长时间保温（$24 \sim 27min$）也不能将其消除。因此，加热速度过快，球团强度变差。实验证实，当球团矿加热速度由 $120℃/min$ 减小到 $57 \sim 80℃/min$ 时，在球团总的焙烧时间相同的情况下，高温焙烧时间虽然缩短了 $10 \sim 16min$，但成品球团的常温强度却由 $1050N/个$ 提高到 $1330N/个$。在最高温度为 $1200℃$ 时，单球常温强度可由 $862N/个$ 增加到 $2176N/个$，而最高焙烧温度为 $1300℃$ 时，可使单球常温强度由 $882N/个$ 增加到 $3234N/个$。球团矿的加热速度还在很大程度上影响还原后的球团矿强度。最适宜的加热速度应由实验确定。

C　高温保持时间

高温保持时间指的是球团矿升温到最高焙烧温度至温度开始下降这段时间范围。适当延长高温保持时间，可使氧化和再结晶过程进行得更完全，从而提高球团矿的强度。但高温保持时间过长，不仅降低产量，而且产生过熔黏结现象。适宜的高温保持时间与焙烧温度和气流速度有关。一般来说，在较高的温度条件下，高温保持时间可短些；在较低的焙烧温度下，保持时间要长些。但在过低的焙烧温度下，即使任意延长焙烧时间，也达不到最佳焙烧温度下的强度。适宜的高温保持时间要靠试验来确定。

D　焙烧气氛

焙烧气氛的性质对生球的氧化和固结程度影响很大。焙烧气氛的性质以气流中燃烧产物的自由氧含量决定：氧含量大于 8%，为强氧化气氛；氧含量在 $4\% \sim 8\%$ 之间，为正常氧化气氛；氧含量为 1.5%~4% 时，为弱氧化性气氛；氧含量为 1%~1.5% 时，为中性气氛；氧含量小于 1%，为还原性气氛。

对于磁铁矿球团，只有在氧化气氛中焙烧时，才能使 Fe_3O_4 顺利氧化为 Fe_2O_3，并获得赤铁矿再结晶的固结方式，因而能得到良好的焙烧效果。同样在氧化气氛中焙烧熔剂性球团矿，除了赤铁矿再结晶长大固结外，还得到铁酸钙液相固结，对改善球团矿强度与还原性都是有意义的。而在中性或还原性气氛中焙烧时，主要得到磁铁矿再结晶与硅酸铁或钙铁橄榄石液相固结形式，其强度与还原性都比氧化气氛中焙烧的球团矿要差。

焙烧赤铁矿球团时，因不要求铁氧化物晶粒氧化，气氛性质可以放宽，但应避免还原性气氛，以免赤铁矿被还原。

焙烧气氛的性质与燃料有关。采用高发热值的气体或液体燃料时，可根据需要调节助燃空气与燃料的配比，从而灵活方便地控制气氛性质与温度；用固体燃料时，不具备这一优点。

7.1.1.4 冷却速度

炽热的球团矿，必然造成劳动条件恶劣、运输和储存困难以及设备的先期烧损，所以须进行冷却。同时冷却也是为了满足下一步冶炼工艺的要求。此外，在带式焙烧机上的团矿冷却，将能有效地利用废气热能，节省燃料。

冷却速度是决定球团矿强度的重要因素之一。快速冷却将增加球团矿破坏的温度力，降低球团矿质量。试验指出，经过 1000℃ 氧化和 1250℃ 焙烧的磁铁矿球团，以 5℃/min（随炉冷却）到 100℃/min（用水冷却）的不同速度冷却到 200℃，其结果是：冷却速度为 70~80℃/min 时，球团矿强度最高。当冷却速度超过最适宜值时，球团结构中产生逾限应变引起焙烧球团中所形成的黏结键破坏，球团矿的抗压强度降低。球团以 100℃/min 的速度冷却时，球团矿强度与冷却球团矿的最终温度成反比。用水冷却时，球团矿抗压强度从单球 2626N/个降低到 1558N/个，同时粉末粒级含量增加 3 倍。在工业生产中，为了获得高强度的球团矿，带式焙烧机应以 100℃/min 的速度冷却到尽可能低的温度，进一步冷却应该在自然条件下进行，严禁用水或蒸汽冷却。

7.1.2 球团矿的显微结构和矿物组成及其对强度的影响

7.1.2.1 球团矿的显微结构和矿物组成

球团矿是一系列高温焙烧过程的最终产物，它的矿物组成与显微结构和原料条件及焙烧工艺有着直接的关系。球团矿中的铁矿物以赤铁矿为主，并有少量的磁铁矿，还有少量的铁酸盐矿物（$CaO \cdot Fe_2O_3$，$CaO \cdot 2Fe_2O_3$）、硅酸盐矿物（铁橄榄石、钙铁辉石、硅灰石、硅酸二钙、铝黄长石、铁黄长石及玻璃质等）以及极少量的石英和未参加反应的硅酸盐矿物等。由于铁精矿粉中脉石成分不同，在球团矿中还可能出现其他一些少量的矿物，如在含有萤石的铁精矿球团中常含有枪晶石等矿物。

从球团矿的显微结构来看，在氧气充足的条件下焙烧时，氧化充分而均匀的正常球团没有分带结构；而在氧化不完全或不均匀的焙烧球团中，则具有明显的分带现象。

磁铁矿精矿粉焙烧的非熔剂性球团矿的显微结构为：在氧化完全的焙烧球团中，主要是赤铁矿颗粒的大片集合体。这些赤铁矿常常是经过重结晶与再结晶，并为少量硅酸盐玻璃所胶结形成的网状结构。在氧化不完全或不均匀的焙烧球团中，则有明显的层状结构。通常分为外部带、过渡带和内部带三个带。

（1）外部带。在正常和较高温度的条件下，外部带主要是赤铁矿晶粒再结晶的大片集合体，也称为氧化带。在有液相存时，赤铁矿被液相粉碎化的现象较严重。所谓粉碎化现象指的是含有某些数量的硅酸盐熔融体不仅胶结赤铁矿块，而且常常沿着赤铁矿颗粒间和赤铁矿内部裂纹进行渗透，并把赤铁矿块与颗粒分割和熔融成细小的赤铁矿颗粒和单个晶体。另外，非熔剂性球团矿中赤铁矿间的连接要比熔剂性球团矿中赤铁矿间的连接发育得多。在较低的温度下，赤铁矿与磁铁矿多为棱角状，有时赤铁矿沿磁铁矿解理面上形成网络格状结构，硅酸盐黏结相较少，保留有配料中未反应完的硅酸盐矿物。因此在较低温度下焙烧的球团矿结构疏松，强度较低。一般来说，外部带完全氧化，其厚度为 1.5 ~ 5.0mm。

（2）过渡带。在正常和较高温度下，主要是赤铁矿完全再结晶，并有黏结相铁橄榄石及硅酸盐玻璃质出现。此外这个带还存在有较少量的磁铁矿晶粒。

（3）内部带。也称为还原带。在正常和较高温度下，大量磁铁矿再结晶，这些磁铁矿晶粒被铁橄榄石和硅酸盐玻璃质所黏结，有的磁铁矿常形成粗大骨架状骸晶。在较低的温度条件下磁铁矿具有棱角状并保留有配料中未反应的硅酸盐矿物。

球团分带结构的形成主要是由于在预热段氧化不完全，残留有原生的 Fe_3O_4 的核心。到点火段由于温度较高，在氧化气氛不足，温度高于 1250℃ 时，部分早生成的 Fe_2O_3 又开始分解成 Fe_3O_4，到焙烧冷却段时，表层又开始氧化生成 Fe_2O_3。这样，由于存在着氧化—热分解—再氧化的过程，使得球团在焙烧过程中产生分带结构。

用磁铁矿精矿粉焙烧的非自熔性球团矿的主要矿物成分为赤铁矿、磁铁矿、铁橄榄石、硅酸盐玻璃质等，其次还有少量配料中未反应完的残余的硅酸盐矿物，有时还有极少量的硫化物如黄铜矿和黄铁矿。赤铁矿精矿粉焙烧的非熔剂性球团矿的显微结构以某厂情况为例说明。生球经过 140 ~ 160℃ 干燥 4h 后，其单球耐压强度为 40 ~ 50N，外观呈棕红色，与原来矿粉没有本质区别。随着焙烧温度上升，球团逐渐固结，在 1000℃ 焙烧时，宏观仍然呈棕红色，但耐压强度已达 600N／个。从显微镜下观察，在原矿粒中间已有一种板状 Fe_2O_3 晶体生长出来，其长和宽为 10 ~ 30μm，而厚度仅为 1 ~ 2μm，板的形状为三角形及不规则的四边形，不过此时整个球团中的结构仍以未黏结的赤铁矿细粒为主。

在 1050℃ 焙烧时，从粗粒原矿中生长出来的 Fe_2O_3 晶体已经相互黏结，从细小的矿粉（大小一般为 3 ~ 10μm）内生长出同样的板状结晶体，但尚未黏结成块。这时板状 Fe_2O_3 晶体的尺寸大体与 1000℃ 时相当，但数量明显增多。相应地，单个团强度增加到 700N 以上，外观颜色也从棕红色转变为棕褐色。

在 1100℃ 焙烧时，绝大多数区域均已结晶出板状 Fe_2O_3，但还没有互相胶结连成块。此时球团中除大块的石英单独存在外，细小的其他脉石矿物颗粒多存在于板状 Fe_2O_3 晶体的间隙内。同时，Fe_2O_3 的板状晶体还继续向外生长。与此相应，单个球团矿强度可达 1000N 以上，其外貌颜色变为灰褐色。在此温度以上，局部区域的板状 Fe_2O_3 的表面开始收缩，棱角变得圆滑，甚至成为球状，同时出现渣相充填于这些颗粒中间。上述情况总是出现在脉石矿物较多的区域。

在1150℃时，球团内板状 Fe_2O_3 已相互胶结连成大块，但整个结构尚未完全形成一个整体，局部仍有未黏结牢固的区域。这时单个球团耐压强度达1500N以上，外观颜色为灰色。

在1200℃时，球团中板状 Fe_2O_3 生长胶结连生已充分完成，纵横交错，形成一个牢固的骨架整体，球团十分坚硬，强度可达3000N/个以上，其外观呈灰黑色。同时，球团中板状 Fe_2O_3 因渣相出现而收缩"圆化"的区域明显增多。但这种情况仍只发生在板状 Fe_2O_3 晶体与大块石英颗粒交界的区域。从板状到圆化颗粒状的 Fe_2O_3 在同一试样及相当宽的温度范围内连续存在，也说明这是一种由于局部界面渣化的反应造成的表面收缩。

在1250℃和1285℃焙烧的球团，宏观强度稍低于1200℃焙烧的球团。微观结构与1200℃焙烧的球团相近似，只是局部出现渣化反应增多。

此种球团矿中的矿物组成主要为赤铁矿及极少量的磁铁矿，局部出现少量的玻璃质等硅酸盐黏结相。

7.1.2.2　球团矿的显微结构和矿物组成对强度的影响

球团矿强度以及球团矿的冶金性质均受其矿物组成和显微结构的制约。球团强度是球团矿的重要冶金性质之一，一般情况下，球团矿的常温抗压强度在1000～3000N/个才能满足炼铁生产的要求。

从矿物成分来看，赤铁矿、磁铁矿、铁酸一钙、铁酸二钙和铁橄榄石都具有较高的强度。$x=0.25～1.0$ 的钙铁橄榄石（CaO）$_x$（FeO）$_{2-x}$·SiO_2，具有较高的强度；$x=1.5$ 的钙铁橄榄石具有很低的强度且容易形成裂纹，因为它的晶格常数很接近于硅酸二钙。此外，球团矿中的玻璃体具有最低的强度。从显微结构看，球团矿的强度主要靠赤铁矿的再结晶和晶粒长大连接来保证，其次液相黏结也起相当的作用。但是与烧结矿相比，液相黏结显得次要得多。因此，通常球团矿的强度受赤铁矿的晶体形状、大小、晶体间的结合方式和液相黏结的程度来决定。

对球团矿显微结构的研究表明，球团矿中的赤铁矿多为棱角状，且它们之间的再结晶连接比较差，硅酸盐黏结相较少，并残留有配料中未反应透的较多硅酸盐矿物和石灰团块时，此种球团矿结构强度较差。

当球团矿中含有的赤铁矿虽然有粗大的晶体，并具有很好的再结晶连接，但黏结相为硅酸二钙时，球团强度最差，甚至使球团粉化，这是 α-硅酸二钙相变为 γ-硅酸二钙造成的。

当球团矿中的磁铁矿全部氧化为赤铁矿并有完好再结晶的均匀显微结构时，其强度较好。而具有带状结构的球团与前者相比强度较差，尤其在还原过程中由于各带还原速度不同产生内应力使球团分层剥离，产生粉化现象。

当球团矿中原生赤铁矿呈板状形态再结晶长大或再结晶形成骨架状骸晶晶体，同时除了赤铁矿间再结晶连接外，还有部分硅酸盐和铁酸盐黏结相分布于赤铁矿晶粒间时，这种结构的球团矿具有很高的强度。

7.1.3　球团矿的质量改进措施

球团矿的质量主要受生球特性和焙烧制度的影响，因此在提高生球质量的同时，还需在如下几个方面进行改进：

（1）提高球团矿的品位和稳定性。由于球团矿的品位和稳定性主要取决于铁精矿，因此在造球过程中应加强配料和混料，以减少波动。

（2）球团矿的有害杂质。对于有害杂质来说，硫在焙烧过程中可大部分去除，而 P、K、Na 等元素在焙烧过程中只能部分去除，所以有害杂质 P、K、Na 的降低应从矿石准备和选矿入手。

（3）适当提高球团矿中 SiO_2 的含量。含 SiO_2 较多的球团矿有利于形成较多的液相，这在一定程度上可以抑制球团的长大和铁晶须的形成。因此，适当提高球团矿中 SiO_2 的含量可减少球团矿的还原膨胀。

（4）选择合适的球团矿碱度。通过改变球团矿的碱度来调节焙烧球团矿内连接键类型和数量，是改进球团矿质量的重要措施。各种不同成分的球团矿都有一个还原膨胀指数最大的碱度范围，必须经过试验确定热强度最好的适宜碱度。

（5）适宜的球团矿焙烧制度：

1）适当提高球团矿的焙烧温度，可提高球团矿的强度和质量。

2）适宜的加热速度。球团矿的加热速度还在很大程度上影响还原后的球团矿强度。最适宜的加热速度应由实验确定。

3）适宜的高温保持时间。适当延长高温保持时间，可使氧化和再结晶过程进行得更完全，从而提高球团矿的强度。但高温保持时间过长，不仅降低产量，而且产生过熔黏结现象。

4）良好的焙烧气氛。对于磁铁矿球团，只有在氧化气氛中焙烧时，才能使 Fe_2O_3 顺利氧化为 Fe_2O_3，并获得赤铁矿再结晶的固结方式。

5）适宜的冷却速度。冷却速度控制在 $70 \sim 100℃/min$。

7.1.4　球团矿还原过程中异常膨胀的原因及其改进措施

7.1.4.1　球团矿还原过程中异常膨胀的原因

（1）赤铁矿的结晶形状。熟球内赤铁矿的晶体形状对还原膨胀有明显影响。球团矿中赤铁矿以针状、板状晶体或连生体存在时，在还原过程中则易产生异常膨胀和粉化，而呈细粒状和球状结晶，再加上渣键发展，则膨胀率减少。含 SiO_2 较低的铁精矿焙烧的酸性球团矿在焙烧温度较低时，其显微结构为：赤铁矿仍保留配料中磁铁矿的形状，多为棱角状，配料中的硅酸盐矿物未被熔化，赤铁矿晶粒间未进行结合。若提高焙烧温度，赤铁矿晶粒长大，晶粒间晶桥数量增加，而玻璃质少或无，黏结相少，孔隙度大；在还原过程中赤铁矿与还原气体接触面增大；气体扩散速度快，赤铁矿—磁铁矿相变速度也快，赤铁矿晶粒间晶桥被迅速完全破坏，所以在还原过程易粉化。若添加部分石灰，球团中黏结相量增多，在还原过程中只是赤铁矿—磁铁矿本身的变化，整个球团的结构并没有变化，黏结赤铁矿晶粒的黏结相能够克服相变过程中相变应力不产生粉化。

（2）还原过程中的晶型转变与铁晶须的生长。球团矿在还原过程中发生晶型转变是产生异常膨胀的基础。球团矿晶型转变造成的膨胀分为两步进行，第一步发生 Fe_2O_3 还原至 Fe_3O_4 阶段，其膨胀一般在 20% 以下。六方晶格的 Fe_2O_3 转化为立方晶格的 Fe_3O_4，其晶格

常数由 5.42×10^{-10} m 变为 8.38×10^{-10} m，使晶体结构破裂；其次，六方晶格 $\alpha\text{-}Fe_2O_3$ 矿物的异向性（即两个相邻赤铁矿晶粒的晶轴方向不一致，还原过程中因晶格变化产生推力），将引发楔形膨胀裂纹和晶界裂纹，使膨胀率进一步增大。第二步，发生于从浮氏体（Fe_xO）向金属铁的转变过程中，是由"铁晶须"的形成所引起的，这一步的膨胀率很大，所谓"铁晶须"，是铁晶粒自浮氏体表面直接向外长出像瘤状一样的铁须。当 Fe_xO 还原至金属铁时，如果 Fe_xO 表面局部被渣相覆盖或被 CaO、Na_2O、K_2O 等物质污染时，则还原铁离子迅速扩散至开始还原点所形成的铁晶。此铁晶须造成很大的拉力，使球团矿的结构疏松，膨胀异常（膨胀率甚至达 100% 以上）而还原粉化。若还原过程中，是在 Fe_2O_3 表面生成均匀的金属铁壳或者金属铁晶粒变粗，则由于金属铁的存在，球团体积收缩，就不会产生异常膨胀。

（3）化学成分的影响。在碱金属存在的条件下，金属铁析出增强，这一补存的体积增大也将导致膨胀加剧，从而加剧球团的异常膨胀，即发生"灾难性膨胀"。在高温下，钠、钾离子以置换或填隙的形式渗入到铁氧化物晶格中而引起晶格畸变。晶格畸变本身具有较大的应力，在高温还原作用下，首先以局部化学反应的形式释放出来，从而使晶格受到破坏，周围结构紧密度下降。与此相反，这部分区域的还原条件却得到改善，使铁离子的迁移速度进一步加快并聚集，使得球团矿发生异常膨胀。

（4）球团连接键的形式。氧化球团内的连接键多为赤铁矿再结晶、铁酸钙和硅酸钙，后两者为渣键。从还原性来看，赤铁矿键最好，铁酸钙次之，硅酸钙最差。在还原过程中前者可导致异常膨胀。

（5）生球质量。球团的先天质量也在一定程度上影响到还原膨胀性能，有时甚至是最主要的原因。如球团结构疏松（与生球质量有关）、球团成分不均匀（与配料混匀程度有关）、球团具有内外裂纹及不均匀结构（与加热速度、冷却速度、氧化程度和高温保持时间不足有关）、球团连接键不足（与化学成分和焙烧温度有关）等，这些都会导致还原时球团体积过分增大和强度过分降低。

7.1.4.2　球团矿还原过程中异常膨胀的改进措施

（1）降低铁精矿粒度。以不同粒度的同样的磁铁矿精矿所制成的球团，当铁精矿的比表面积从 $1470 cm^2/g$ 提高到 $1860 cm^2/g$ 时，还原膨胀率即可从 32% 下降到 22%；比表面积继续提高到 $1920 cm^2/g$，膨胀率进一步下降到 12%。由此可见，降低铁精矿粒度在近代球团技术中，不仅用来改进生球质量，而且对抑制还原膨胀也是一项重要措施。这种抑制膨胀的原因，可能是由于较细的粒度，其参加反应的活性较大，易生成质地坚固的熟球，其铁氧化物在球团内易均匀分布，并被连接键良好固结。球团被还原时，这种均匀分布的铁氧化物颗粒产生相变时出现的应力受到坚固连接键的限制，且在球团内呈分散状态，使还原膨胀减至最小。但是球团仍以铁氧化物键为主，并含有碱性物质时，降低铁精矿粒度就会得到相反的效果。

（2）适当提高球团矿中 SiO_2 的含量。含 SiO_2 较多的球团矿有利于形成较多的液相，这在一定程度上可以抑制球团的长大和铁晶须的形成。例如 $w(SiO_2)$ 分别为 4% 和 8% 的两种球团矿，在 600℃ 还原时，前者强度由 2600N/个下降到 620N/个，而后者仍保持 2600N/个，但增加 SiO_2 含量会降低球团矿的品位。

（3）选择合适的球团矿碱度与添加剂。通过改变球团矿的碱度（即改变 CaO 与 SiO_2 的相对比例）来调节焙烧球团内连接键类型和数量，是改进球团矿质量的重要措施。

白云石作为添加剂加到球团中也可起到减少还原膨胀的作用。这是由于 Mg^{2+} 半径（0.6×10^{-10}mm）小于 Fe^{2+} 半径和 Ca^{2+} 离子半径（0.99×10^{-10}mm），能自由置换磁铁矿晶格中的 Fe^{2+}，并均匀分布在浮氏体内，不致引起局部还原反应，还能减慢还原的离子的迁移速度，可起到抑制球团矿膨胀的作用；同时提高球团矿中 MgO 含量，可增加矿相中的铁酸镁（熔点为 1713℃），在还原中不会发生 Fe_2O_3 转变为 Fe_3O_4 的反应，而生成的是 FeO 和 MgO 的固溶体。日本的白云石熔剂性球团矿膨胀率在 10% 以下，软化温度在 1200℃ 以上，在高炉上使用取得了良好的冶炼效果。

氧化镁酸性球团矿的矿物组成以赤铁矿为主，球团矿周边的赤铁矿与铁酸镁呈不规则连晶和格子状结构，晶粒细小，连晶间以带状晶桥连接，间隙中有少量液相充填。球团矿核心（特别是焙烧时间稍短，焙烧温度稍低的下层球）的磁铁矿或镁磁铁矿呈圆形颗粒，有的颗粒间形成磁铁矿晶桥固结，渣相量稍多，局部区域形成渣相固结，残余石英颗粒较多，从周边向中心逐渐减少，石英边缘有熔蚀现象。由于磁铁矿氧化放热，球中心温度稍高，所以中心渣相量增加，结晶较好，气孔也明显增大。高氧化镁酸性球团矿在高温还原过程中生成的 $w(MgO)$ 为 3.14% ~ 3.80% 的镁浮氏体和 $w(MgO)$ 为 7.2% ~ 12.3% 的铁镁橄榄石等硅酸盐渣都具有较高的熔化温度（> 1390℃），因而其软熔性能和高温还原性能均优良。

7.2　球团矿质量指标与检验

球团矿质量评价内容包括化学成分及其稳定性、常温机械性质（转鼓强度、抗压强度、粒度组成）和高温冶金性能（还原性、低温还原粉化性、软熔性及还原膨胀性能等）。

球团矿化学成分、转鼓强度、落下强度、筛分指数以及还原性、低温还原粉化性、软熔性等项要求和检测方法可参见烧结矿质量鉴定的内容。此外，球团矿的检测还包括抗压强度、还原膨胀性能。

7.2.1　球团矿的抗压强度

抗压强度是检验球团矿的抗压能力的指标，一般采用压力机测定。球团矿的抗压强度（直径 10 ~ 12.5mm 时），对于大于 1000m³ 的高炉，应不小于 2000N/个；小于 1000m³ 的高炉，应不小于 1500N/个。

7.2.2　球团矿还原膨胀性能

球团矿的还原膨胀性能以其相对自由还原膨胀指数（简称还原膨胀指数）表示。所谓还原膨胀指数，是指球团矿在 900℃ 等温还原过程中自由膨胀，还原前后体积增长的相对值，用体积百分数表示。

球团矿理想的还原膨胀率应低于 20%，高质量的球团不大于 12%。

对于铁矿石还原性、低温还原粉化性和还原膨胀性的测定，每一次试验至少要进行两次。两次测定结果的差值应在规定的范围内，才允许按平均值报告出结果，否则，应重新测定。一次试验无法考察其结果是否存在着大的误差或过失，难以保证检验信息的可靠性。

思 考 题

（1）球团矿的主要缺点是什么，解决的措施有哪些？
（2）简述影响球团焙烧固结的因素。
（3）简述球团矿质量评价内容及方法。

实训项目 8　竖炉焙烧操作

实训目的与要求：

（1）知道竖炉工作原理及设备的组成；

（2）根据生球的干燥机理，正确控制竖炉干燥速度；

（3）解释球团焙烧固结机理；

（4）明确布料操作原则；

（5）运用所学知识，能正确选择竖炉的热工制度；

（6）能判断、分析焙烧过程中常见的异常情况，并能正确的处置，具备生产合格成品球团矿的能力。

考核内容：

（1）应用竖炉的焙烧方法生产合格成品球团矿；

（2）竖炉操作；

（3）主要设备的性能、结构、工作原理和操作规程，判断、分析设备常见故障，并能正确的处置；

（4）严格执行岗位作业标准、安全、技术操作规程和设备维护规程。

实训内容：

（1）按规程操作设备（点火操作、布料操作、冷却工作）；

（2）能对设备故障、工艺事故采取果断、及时处理；

（3）与配料、干燥混合、造球等相关岗位进行生球流量、质量、原料条件等生产信息的相互沟通；

（4）严格执行车间的岗位作业标准、安全、技术操作规程和设备维护规程。

8.1　主要设备

8.1.1　布料器

8.1.1.1　梭式布料器

其结构与烧结的布料器相似。

8.1.1.2 辊式布料机

辊式布料机被广泛应用于球团厂，用来将生球均匀的布到焙烧台车上。布料机由多组圆辊排列组成，辊间隙给料端稍大，而排料端较小，一般为 1.5 ~ 2mm。传动部可采用链传动，也可采用齿轮传动。有的布料机是固定在一移动小车上，布料时根据料层厚度前后移动，使生球均匀布到台车上。辊式布料机传动示意图如图 8-1 所示。

辊式布料机布料均匀，效果显著，布料机前半段具有筛分作用，可筛除不合格生球和碎料。同时生球在布料机上滚动，可使其表面更光滑，强度也进一步提高，料层的透气性得到改善。布料

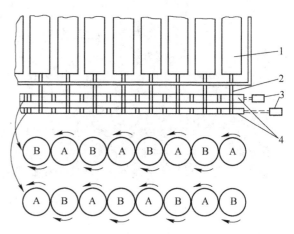

图 8-1 辊式布料机传动示意图
1—辊；2—轴；3—传动装置；4—传动齿轮；
A—固定在轴上的齿轮；B—套在轴上的齿轮

机工作可靠，操作维护方便。规格为 2 × 2.6m 辊式布料机，在安装倾角为 1°40′ ~ 3°时，圆辊转速 96r/min，生产能力可达 140t/h。

我国竖炉采用炉口烘干床后，布料方式为特有的"直线布料"，简称为线布料或梭式布料。优点是布料车行走路线与布料路线平行，原来是大车和小车组成的可做纵横向往复移动的梭式布料机，现在只做往复直线移动的带小车布料机，可大大简化布料设备，提高设备的作业率，缩短布料时间。

生球布于算条上，厚 150 ~ 200mm，生球沿算条床面向下移动的过程中，被从下面上升的 550 ~ 570℃ 的热废气烘干，时间为 5 ~ 6min，水分从 8.5% 下降到 1.5%，提高了生球的抗压强度和破裂温度，废气温度下降至 110℃，大大提高了热量利用率。生球从烘干床算条下端和炉墙之间的缝隙进入炉内时产生自然偏析作用，大颗粒球团滚到炉子中心，进一步改善了中心料柱的透气性。

8.1.2 竖炉

目前球团焙烧竖炉都为矩形，其基本构造如图 8-2 所示。中间是焙烧室，两侧是燃烧室，下部是卸料辊、密封装置及冷却风进风装置。炉口上部是生球布料装置和废气排出管道。

竖炉的规格以炉口横断面积表示，我国目前已投产的竖炉有 5.5m²、8m²、10m² 和 16m² 四种规格。为有利于生球和焙烧气流的均匀分布，矩形断面的长宽比较大，以限制其宽度。对于 8m² 的竖炉，一般宽度不超过 1.8m。从炉口料面到排矿口的距离多为 12 ~ 13m。

竖炉大体有两种炉型，一种是高炉身型内冷式竖炉，如图 8-3 所示，另一种是中等炉身型外冷式竖炉，如图 8-4 所示。

图 8-2　竖炉

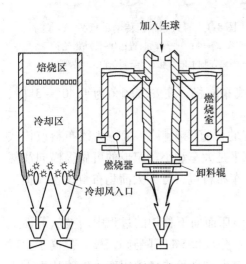

图 8-3　高炉身型内冷式竖炉

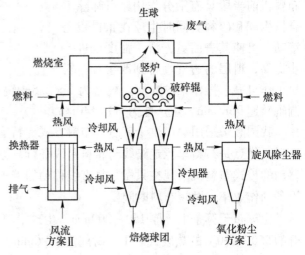

图 8-4　中等炉身型外冷式竖炉

　　高炉身型内冷式竖炉，冷却和焙烧在同一炉身内完成，燃烧室布置在矩形焙烧室两侧，利用两侧喷火孔对吹容易将炉料中心吹透。此外，炉身高，冷却带相应加长，有利于球团矿冷却，但排矿温度仍在 427～540℃。需要炉外喷水冷却，影响成品球质量。高炉身型内冷式竖炉单产量高，得到广泛的应用。

　　中等炉身型外冷式竖炉，焙烧在炉身内进行，焙烧后的球团矿在竖炉外的冷却器中进行冷却并有余热利用系统，使竖炉的热量得到较好的利用，成品球也得到较好的冷却，排矿温度可控制在 100℃以下。但这种竖炉结构复杂，单位产品的投资和动力消耗略有增加。

　　我国竖炉是按高炉身型内冷式设计的。为了解决竖炉高炉身中心部分球团焙烧不透，强度差，中心冷却风通过少，球团矿冷却不下来，排矿温度高，无法采用胶带机运输等问题，济南钢铁厂对竖炉进行了卓有成效的改造，发明了导风墙及炉顶烘干床。

　　导风墙安置于竖炉中心，由两排水冷托梁和砌立于托梁上带通风孔的空心墙组成。两排托梁由 6～8 根厚壁无缝钢管组成，管内通水冷却，空心墙一般用高铝砖砌成。通风孔的面积由冷却风流量和导风墙内的气流速度确定。导风墙下口位于喷火口下 1.6～3.1m

处，上口直至烘干床下部。

烘干床设置于炉口布料皮带下，用耐热铸铁做成箅条，人字形架设在水冷钢梁上。炉箅水梁一般用 5 根厚壁无缝钢管架设，用以支托干燥箅子，管内通水冷却。干燥箅条采用高硅耐热铁或高铬铸铁铸造成箅条式或者百叶窗式，箅条间隙为 5～8mm，床面倾角为 45°～50°。

导风墙和烘床的应用使 8m² 竖炉焙烧球团矿的日产量从 300t 左右提高到 800t 以上。炉内的温度控制状况大为改善，使干燥、预热、焙烧、均热和冷却各带分明，球团焙烧质量优良且冷却效果好。

球团竖炉是一种按逆流原则工作的热交换设备。其特点是生产时生球由皮带布料机均匀地从炉口装入炉内，生球以均匀的速度连续下降。用煤气或重油作燃料，在燃烧室内充分燃烧。温度达到 1150～1250℃ 的热气体从喷火口进入炉内，自下而上与生球进行热交换。

生球经过干燥和预热后进入焙烧区，球团矿在高温焙烧区进行固结反应，通过焙烧区再进入炉子下部的冷却区，焙烧后的热球团矿与下部鼓入的上升冷空气进行热交换而被冷却，最后从炉底排出。卸料辊可以将黏结成大块的球团矿破碎。通过燃烧室进入的空气量约为焙烧所需全部空气量的 35%，其余的空气从下部鼓入，使球团冷却的同时空气被加热到高温，进入焙烧区域。

8.2　操作部分

8.2.1　职责

（1）严格遵守各项规章制度，服从分配，完成本职工作，确保正常生产。
（2）熟悉岗位设备性能，正确操作设备，完成生产任务。
（3）熟知本岗位防止发生事故的规定及注意事项。
（4）负责设备的开停机操作。负责设备的点检、检修配合、检查及试车验收。
（5）熟知本岗位的技术操作方法。
（6）负责附属设备、设施的看护。
（7）负责岗位设备及环境卫生清洁。

8.2.2　操作程序与要求

球团生产是连续性很强的工艺过程，各生产环节密切相关；只有操作好每个环节，才能获得高炉冶炼的优质原料。

8.2.2.1　竖炉球团布料车操作

球团布料的首要任务是掌握烘床料面的情况，在加入一定数量生球的前提下，及时排矿和调节料面，使整个料面做到下料均匀、排矿均匀，料面在导风墙两侧平衡、不亏料。

竖炉球团布料车的主要操作步骤为：
（1）接到有关通知后，开布料车皮带。

（2）开启布料车及车后皮带。

（3）布料工要根据竖炉生产的情况，连续均匀地向干燥床布料，在不裸露炉箅条的前提下，实行薄料层操作，做到料层均匀，料流顺畅。

（4）及时通知链板机、油泵开启，而后操作电振机连续均匀排矿，使排出的料量与布料量基本平衡，做到少排、勤排。

（5）停机的操作顺序：停布料车车后皮带—布料车行走（开出炉外）—停布料车皮带。布料车在布料过程中应注意的问题：

1）要做到布入烘干床上的湿球经干燥后入炉，要求烘干床下部有 1/3 干球才能排矿，布料工要及时通知排矿输送机或链板机和油泵的开启、关闭，并操作电振排矿。

2）当遇到炉箅粘料时，要经常疏通。

3）如因故料面降到炉箅条以下时，不得用生球填充，要及时补充热球，避免生球出现严重爆裂或结块，影响后续操作。

4）布料车停止布料时要退出炉外，防止布料皮带烧坏。

5）及时调整布料车，防止皮带跑偏，及时更换布料车损坏的上下托辊。

6）要经常与竖炉值班室焙烧工保持联系，相互协作，共同搞好生产。

8.2.2.2　竖炉热工制度的控制和调节

制定合理的竖炉热工制度并进行适当的控制和调节，是确保炉况正常，使竖炉优质高产的关键性环节。

A　竖炉正常炉况的特征

竖炉正常炉况有以下特征：

（1）下料顺利，东西南北四面下料均匀，快慢基本一致，排矿均匀。

（2）燃烧室温度稳定，压力适宜稳定，炉内透气性好。

（3）煤气、助燃风、冷却风的流量和压力稳定。

（4）烘干床气流分布均匀、稳定，生球不爆裂，干球均匀入炉。

（5）炉身各点温度稳定，竖炉同一平面两端的炉墙温度差小于 60℃。

（6）链板机排出的球中大块少，成品球发瓦蓝色，排出球温度较低且稳定。

（7）成品球强度高、返矿量少，FeO 含量低且稳定。

B　竖炉热工制度的控制和调节规程

（1）煤气量的控制与调节。竖炉煤气量的确定，可按照焙烧 1t 球团矿的热耗来计算。如某厂竖炉焙烧球团的热耗为 585438 ~ 669072kJ/t，产量为 40 ~ 45t/h，燃料为高炉煤气，发热值为 3554.45kJ/m³。当竖炉产量高时，热耗就降低，反之热耗就升高。因此，当竖炉产量提高或煤气热值降低时，应增加煤气用量，反之，则减少煤气用量。

（2）助燃风量的控制与调节。竖炉助燃风量的确定，可根据所需要的燃烧室温度和球团焙烧温度来调节。一般助燃风量是煤气流量的 1.2 ~ 1.4 倍。

（3）煤气压力与助燃风压力。在操作中，煤气压力和助燃风压力必须高于燃烧室压力，一般应高出 3000 ~ 5000Pa，助燃风压力比煤气压力略低一些。

（4）冷却风流量的控制与调节。按理论计算，1t 成品球团矿从 1000℃ 冷却到 150℃ 需要消耗冷却风 1000m³。在实际操作中，一次冷却风只能达到 600～800m³/t，因此排矿温度仍然较高。如果按上述的竖炉平均产量（42.5t/h）应控制在 25500～34000m³/h。同时，冷却风量也可以根据排矿温度和炉顶干燥床生球的干燥情况来调节，如果排矿温度高，生球干燥速度慢，应适当增加冷却风量。但是如果干燥床上生球爆裂严重，可适当减少一些冷却风，以维持生产正常。

（5）燃烧室温度的控制与调节。竖炉燃烧室的温度，可以根据球团的焙烧温度来确定，而球团的焙烧温度需要通过试验来确定。

生产实践表明，在焙烧磁铁矿球团时，燃烧室温度应低于试验得到的球团焙烧温度 100～200℃；而在焙烧赤铁矿球团时，燃烧室温度应高于试验获得的球团矿焙烧温度 50～100℃。竖炉开炉投产时，燃烧室温度应低一些，可以暂控制在试验得到的焙烧温度区限，然后应视球团的焙烧情况来进行调节。

燃烧室的温度还与竖炉产量有关，当竖炉高产时，燃烧室温度应适当高一些（20～50℃）；如果相反，燃烧室温度应低一些。如果长期处于正常生产，燃烧室温应保持恒定，温度波动范围一般应不大于 ±10℃。

（6）烘烧室的压力调节。在竖炉生产中，燃烧室的压力反映炉内料柱透气性，燃烧室压力升高，说明炉内料柱透气性变坏，应进行调节。

如果是干燥床湿球未干透下行引起，可适当减少布入的生球量，或暂停加生球（减少或停止排矿），使生球获得干燥后，燃烧室压力降低，再恢复生球的正常布入量。如果干燥床生球爆裂严重所引起，可适当减少冷却风，使燃烧室压力达到正常。倘若是炉内结大块，可以减风减煤气进行慢风操作，待大块排到火口以下后，燃烧室压力已降低，再恢复全风操作。通常燃烧室压力不允许超过 20000Pa。

（7）燃烧室的气氛调节。我国竖炉大都生产氧化球团矿，这就要求燃烧室内应氧化性气氛（氧含量大于 8%）。但因我国竖炉大部分是以高炉煤气作燃料，其发热值较低，火焰长以及设备、操作上的问题等原因，造成燃烧室的含氧量降低，只有 2%～4%，属弱氧化性气氛，有时还会残留少量的 CO，对生产磁铁球团极为不利。磁铁矿球团只能依靠竖炉下部鼓入冷却风带进的大量氧，通过导风墙在竖炉的预热带得到氧化。因此，要求燃烧室的每个烧嘴都应完全燃烧，所给的煤气量和助燃风量均匀和适宜。

8.2.3　竖炉事故与处理

8.2.3.1　炉况失常的判断及处理

（1）球团矿呈暗红色，强度低、粉末多。

判断：供热不足，焙烧温度低或矿粉粒度太粗，下料过快，生球质量差。

处理办法：根据焙烧球团的热耗量，计算煤气量，为球团焙烧提供充足的热量；并根据矿石性质适当调整燃烧室温度，提高生球质量，减少生球爆裂和入炉粉末，以改善料层透气性。

（2）成品球团矿生熟混杂，强度相差悬殊。

判断：下料不均，炉内温度相差较大。

处理办法：根本办法是提高生球强度，减少粉末入炉，以改善透气性；其次改变炉料的运动状态，调整排矿齿辊运行速度及采取坐料等手段，以松散炉内物料，使炉料均匀下降，并检查竖炉喷火口是否堵塞。

（3）成品球温差较大。

判断：炉料产生偏析，排矿量不均，料球温度相差较大。排矿温度高而球团强度低，炉膛两侧温度明显不同。

处理办法：调整两溜槽的下料量，多开下料慢一侧的齿辊，提高下料快一端的煤气烧嘴温度（增大废气量）。必要时采取坐料操作，即停止排矿一定时间后，再突然大排矿，亏料以熟料补充。

（4）下料不匀。

炉口下料不匀，局部过快，干燥速度相差较大，局部气流过大，炉膛温度变化无规律。

判断：炉内发生窜料（形成管道）或悬料，如不及时处理，在下料快处湿球入炉，就会产生粉末，更加恶化炉况，形成堆积黏结现象，造成结大块的事故。

处理办法：往下料处补熟球，采取坐料操作，大排矿一次（排矿高度 1m 左右），再补熟球，以消除炉内管道，恢复炉料正常运行。

（5）燃烧室压力升高。

煤气和空气量没变，而燃烧室压力突然升高，两燃烧室压差大，炉顶烘干速度减慢。

判断：湿球入炉，粉末增加，喷火口上部位产生湿堆积粘连现象。

处理办法：适当降低燃烧室温度和废气量，停止加生球补加熟球，继续正常排矿，待这批物料下降到喷火口下，燃烧室压力正常后，再恢复正常生产。严重时可大排矿至喷火口以下，将这种轻度黏结物捅掉，重新补熟球，再行开炉。

（6）炉内结块。

仪表的各项指标失常，偏料严重，甚至形成管道，按上述处理办法无效，另外，在排矿处可见到过熔块。

判断：

1）焙烧温度超过球团软化温度，当原配料比改变后，而焙烧温度未加调整，以致高于软化温度，产生熔块。若原料特性未变，则往往是由于操作失误，煤气热值增大以及仪表指标偏差而引起的燃烧室温度过高。

2）燃烧室出现还原气氛，使焙烧带的球团产生硅酸铁等低熔化物而造成炉内结块。

3）因设备故障或停电造成停炉，没有松动料柱（无法排矿与补加熟球），物料在高温区停留时间过长，有时也因停炉后没能及时切断煤气，或因阀门不严，煤气窜进炉内所致。

4）湿球入炉，造成生球严重爆裂，产生大量粉末，而使生球粘连。如果出现在交接班时没有及时处理，或者再发生突然停炉，黏结物料逐渐堆积，便形成大熔块，造成严重后果。

5）配料错误，如果球团使用的原料中混入含碳物质，也可导致炉内结块。

6）违反操作规程，交接班制度不严，交班掩盖矛盾，甚至为交出好炉况，而在交班前停止排矿，造成假象，接班后见炉况良好，加快排料，提高产量，而造成炉况失常。

7）炉内结块也往往出现在竖炉开停的过程中。因此为竖炉创造良好的连续生产条件，是避免炉内结块的有效办法。

处理办法：如果在大排料中发现炉内确实存在熔化结块，只好及时停炉处理。打开竖炉人孔，用人工处理与齿辊破碎相结合的办法排除熔结块。

8.2.3.2　塌料处理

竖炉由于排矿不当（过多）或炉况不顺而引起生球突然排到炉算以下称为塌料。

处理方法：

（1）减风、减煤气或竖炉暂时停烧。

（2）迅速用熟球补充，直接加到烘床炉顶。

（3）加风、加煤气转入正常生产。

8.2.3.3　管道处理

炉内局部气流过分发展称为管道。

处理方法：慢风或暂时放风停烧，必要时可采取坐料操作，待管道破坏后用熟球补充亏料部分，然后恢复正常生产。

8.2.3.4　结瘤处理

结瘤主要是由于操作不当引起湿球大量下行，热工制度失调等引起的。

征兆：下料不顺，严重时整个料面不下料，燃烧室压力升高，排出熔结大块多，而且料量偏少，油泵压力升高，甚至造成齿辊转不动。

处理方法：可减风、减煤气进行慢风操作，并减少生球料量。严格控制湿球下行，在炉算达到 1/3 干球后才排料，结瘤严重时，要停炉把料排空，把大块捅到齿辊上，人工或齿辊破碎，处理干净后再重新装炉恢复生产。

8.2.4　竖炉开炉操作

竖炉新炉投产及大、中修后的操作都称为开炉操作。

8.2.4.1　开炉前的准备工作

开炉前的准备工作有：

（1）安装完工及大、中修后的设备必须先进行试车，并调整至正常。对新炉首次开炉，必须先进行全面单体试车，然后进行空载联动试车及带负荷联动试车。如圆盘给料机、混合机、润磨机、造球机、圆辊筛、布料机、鼓风机、皮带机等设备，都应负荷试车。特别是鼓风机的试车时间不得少于 24h。

（2）检查生产所需要的原料、添加料、燃料的准备和供应情况。

（3）检查供电、供水和供气计量仪表，通信，照明以及给排水、蒸汽管道阀门等设施是否正常，并进行有关设备的单体试车和联合试车。

8.2.4.2　烘炉

烘炉前应绘制烘炉曲线和制定正确的烘炉方案。烘炉曲线与耐火材料的性能、炉衬砌筑质量、施工方法和施工季节有关。烘炉过程应严格按烘炉曲线进行，一般可分为3个阶段：

（1）低温阶段。烘烤温度从常温到420℃，主要是蒸发竖炉砌砖中的物理水，升温要求缓慢（10℃/h），以防止升温过快而造成耐火砖及砖缝开裂，并在420℃需要一定的保温时间，这个阶段一般用木柴烘炉。方法是：用木柴填满两燃烧室，但不得堵塞烧嘴、人孔和火道，并在点火人孔（或烧嘴）周围放上带有柴油的破布及棉纱以便点火。当事先填好的木柴烧完后，还未达到所需的温度和烘炉时间，可以从燃烧室的人孔继续添加木柴。烘炉一次用6~8t木柴，柴油或煤油25kg，棉纱若干。

（2）中温阶段。烘烤温度在420~820℃。升温到600℃需要保温一段时间（一般为8~10h），这时主要是脱除砌体耐火泥浆生料粉中的结晶水。820℃是砌砖体泥浆发生相变（晶体重新排列）的温度，使其强度提高，因此也需要一定的保温时间，约为10h。中温阶段升温速度可稍快（10~25℃/h），这个阶段一般用高炉低压煤气或高炉—焦炉混合煤气烘炉。方法是：引煤气前必须先封闭燃烧室人孔，开启竖炉除尘风机，关闭竖炉烟罩门和顶盖。

同时用蒸汽吹扫各煤气管道，依次打开各烧嘴阀门并点火。先打开烧嘴窥孔自然通风，必要时开启助燃风机，温度高低用煤气量和助燃风量的大小来控制。

（3）高温阶段。烘炉温度在820~1040℃。主要是加热砖体的温度达到均匀，也需要一定的保温时间，一般为8h，这个阶段用高压煤气烘炉。温度再往上升，其升温速度可加快（50℃/h），直到达到生产所需要的温度（约1100℃）。方法是：不停放风，直接开启加压机送高压煤气。

8.2.4.3　竖炉引煤气操作

通常竖炉开炉或生产前，必须先把煤气从加压站或煤气混合站引到竖炉前，以便点火。不论引高压煤气或低压煤气，都可按下述步骤进行操作。

（1）引煤气前的准备：

1）引煤气前应先与加压站取得联系，经同意后，方可做引煤气操作。

2）检查竖炉煤气总管和助燃风总管阀门是否关闭。

3）检查竖炉燃烧室烧嘴阀门是否关闭。

4）打开煤气总管一个或煤气支管两个放散阀。

5）通知开启竖炉除尘风机。

6）通知开启助燃风机和冷却风机，并放风（烘炉时除外）。

（2）引煤气的步骤：

1）通知煤气加压站，用蒸汽吹洗煤气总管，同时负责用蒸汽吹洗煤气支管。

2）见煤气总管放散阀冒蒸汽10min后，通知加压站送煤气，稍后关闭煤气总管蒸汽。

3）见煤气总管放散阀冒蒸汽5min后，开启煤气总管闸阀或蝶阀，关闭煤气总管放散阀，关闭煤气支管的蒸汽阀。

4）通知烘干机及竖炉使用煤气。

8.2.4.4　竖炉点火操作

（1）煤气点火时应注意的事项：

1）如果使用高炉与焦炉混合煤气，应先做爆发试验，经合格才能点火，以确保安全。

2）煤气点火时，燃烧室必须保持一定的温度，如高炉煤气应大于700℃（高压需大于800℃）；高炉与焦炉混合煤气应大于600℃（高压需大于750℃），才能直接点火，否则燃烧室内必须要有明火方能用煤气点火。

3）点火时烧嘴前的煤气和助燃风应保持一定的压力。一般煤气压力在4000Pa左右；助燃风在2000Pa左右，待煤气点燃后逐渐加大煤气和助燃风的压力。严禁突然送入高压煤气和助燃风点火，防止把火吹灭，引起再次点火时而造成煤气爆炸。

4）使用低压煤气点火时，煤气压力低于2000Pa应停止点火；生产时煤气压力低于6000Pa也应该停止燃烧。

（2）点火操作步骤：

1）见煤气支管放散阀冒煤气5min后，开启助燃风总管闸阀或蝶阀。

2）开启两燃烧室烧嘴阀门进行点火。点火时，应先略开烧嘴助燃风阀门，然后慢慢开启烧嘴煤气控制阀门，并同时加开助燃风阀门。

3）燃烧室煤气点燃后（在烧嘴窥视孔中观察），关闭煤气支管放散阀和助燃风放风阀。

4）调节两燃烧室的煤气量和助燃风量，使其室温基本相同。

5）开启冷却风总管蝶阀或闸阀，并关闭冷却风机放风阀。

6）通知布料工加生球和排矿（烘炉时除外）。

8.2.4.5　开炉操作

开炉操作包括以下几个方面。

（1）装开炉料：

1）装开炉填充料前，必须先封闭竖炉人孔和铺好干燥床箅条。

2）通知布料工开启布料机，布料机行走开关可打到自动位置进行均匀装炉，避免形成固定下料点。开炉料通常采用成品球团矿，也可采用粒度均匀的烧结矿或生矿石，但不论用哪种开炉料，都必须严格筛分干净，且要求水分含量低，以确保开炉顺利。

3）如果烘炉尚未结束，开炉料可先装到火道口以下；如果烘炉已结束，可把开炉料直接装到炉口。

4）装火道口以上的炉料时，燃烧室应停煤气灭火。

（2）活动料柱：

1）先开竖炉两端齿辊活动料柱和进行排料，一边观察干燥床料面下料情况，一边继续用开炉料补充。

2）及时调整料面的下料情况，直到使干燥床整个料面下料基本一致后，可停止加开炉料。

3）引高压煤气点火，使燃烧室继续升温到生产所需的温度，以便加热开炉料、提高干燥床温度，此时冷却风需暂时关闭。

4）引高压煤气点火后进行倒料操作，即一边加开炉料，一边排矿，这样既可以用热料来烘烤炉体砌砖，还可以使炉内料柱处于不间断的动态之中。

（3）首次开炉：

1）当烘床温度上升到300℃左右时，停止倒料操作，开启造球机加入第一批生球。

2）当烘床加满第一批生球后，就停止布料和造球。

3）待烘床下的生球干燥后，就可排料。

4）当烘床上排下1/3生球后，停止排料，并再加一批生球等待干燥。就这样烘床上干燥一批生球，排一批料，再加一批生球进行干燥后，再排一次料如此往复，直至烘床温度上升到正常温度（600℃左右）时，可连续往炉内加生球与排料。

5）当热球下到冷却带时，即可开启冷却风机适当送冷却风，随冷却带温度达到500～700℃时，冷却风量达到正常。

6）竖炉刚开炉时，因整个炉子尚未热透，焙烧温度低，风量较小，要适当控制生球的布料量，以保证成品球质量和开炉顺利，这种情况需持续1～2天，待竖炉内已形成合理的焙烧制度后，就可转入正常作业。

8.2.5　竖炉停炉操作

根据停炉的情况不同，具体操作可分为：临时停炉（或称放风灭火操作）、检修停炉和紧急停炉操作。

8.2.5.1　临时停炉操作

在竖炉生产过程中，某一设备发生故障或其他原因不能维持正常生产时，需做短时间（＜2h）的灭火处理，或称为放风灭火操作。具体步骤为：

（1）通知造球岗位停止给料，布料工停止加生球和排矿。

（2）通知风机房关小冷却风机进风蝶阀或闸阀，并打开放风，关闭冷却风总管蝶阀。

（3）通知煤气加压站下调煤气压力。

（4）在煤气降压的同时通知助燃风机放风，并关小助燃风机进风阀。

（5）同时立即打开煤气总管放散阀。

（6）关闭煤气和助燃风总管的放散阀。

（7）关闭燃烧室烧嘴阀门，同时打开煤气支管放散阀，然后通入蒸汽。

8.2.5.2　检修停炉操作

当燃烧室灭火时间超过2h以上或停炉检修时，必须做停炉操作。停炉操作除先做放风灭火操作外，还应进行如下操作：

（1）通知风机房停助燃风机和冷却风机。

（2）通知煤气加压站停加压机，并切断煤气，用蒸汽吹洗煤气总管。

（3）当竖炉需要排完部炉料时，可继续间断排料，直到炉料全部排空。

8.2.5.3　紧急停炉操作

在遇到突然停电、停水、停煤气、停助燃风和冷却风时，应做好紧急停炉操作，其步骤如下：

（1）首先应立即打开煤气总管放散阀、助燃风机和冷却风机放散阀。

（2）立即关闭煤气总管、助燃风机总管的闸阀和蝶阀，切断通往燃烧室的煤气和助燃风。

　　（3）立即关闭冷却风总管的蝶阀。

　　（4）立即关闭燃烧室烧嘴的全部阀门。

　　（5）打开煤气支管放散阀，并通入蒸汽。

　　（6）未尽事项可按放风灭火和停炉操作处理。

 思 考 题

（1）简述生球的热稳定性对生球的干燥速度的影响。

（2）湿球入炉对竖炉生产有何影响？

（3）叙述竖炉热工制度的控制和调节规程。

（4）描述竖炉正常炉况的特征。

（5）如何处理球团矿呈暗红色、强度低、粉末多的问题？

（6）炉内结块的原因有哪些，如何进行处理？

（7）竖炉生产的不足之处有哪些？

（8）按照生产单位的技术条件、设备条件和各种操作规程及质量要求，在现场技术人员的协助下完成竖炉生产操作。

实训项目 9　链算机—回转窑操作

实训目的与要求：

(1) 能够描述链算机—回转窑球团生产的布料、生球干燥、预热的工艺特点；

(2) 根据焙烧原理，合理调节回转窑焙烧气氛与温度；

(3) 合理调节链算机各段温度；

(4) 能判断、分析焙烧系统常见的异常情况，并能正确的处置。

考核内容：

(1) 链算机—回转窑系统的设备操作要点；

(2) 当链算机内出现大量粉末时，及时查找原因，加以处理；

(3) 合理选择球团的焙烧制度与冷却制度；

(4) 主要设备的性能、结构、工作原理和操作规程，判断、分析设备常见故障，并能正确的处置。

实训内容：

(1) 链算机—回转窑组成和结构，按规程操作设备；

(2) 合理选择球团的焙烧制度与冷却制度；

(3) 调整炉温和废气量确保合理焙烧制度；

(4) 判断、分析生产中出现质量异常情况，并能正确的处置；

(5) 能够简单判断球团矿的强度。

9.1　主要设备

链算机—回转窑最初是水泥原料的焙烧设备，1960 年开始在铁矿球团生产中应用，但其发展很快，现在世界上最大的单机生产能力已达到 400 万吨。链算机—回转窑的规格分别达 5.66m ×64.24m（宽×长）和 47.62m ×48.73m。2000 年首钢矿业公司年产 120 万吨链算机—回转窑生产线改造投产。目前链箅机—回转窑法的生产能力已经占全国球团矿总产能的一半以上。

链算机—回转窑是一种联合机组，主体设备由链算机、回转窑和环冷机三个独立的部分组成，如图 9-1 所示。链算机与带式焙烧机结构大体相似，由链算机本体、内衬有耐火材料的炉罩、风箱及传动装置组成。链算机本体则由牵引链条、算板、拦板、链板轴及星轮等组装而成，由传动装置带动，在风箱上运转。整个链箅机由炉罩密封，用于生球的干燥和预热。

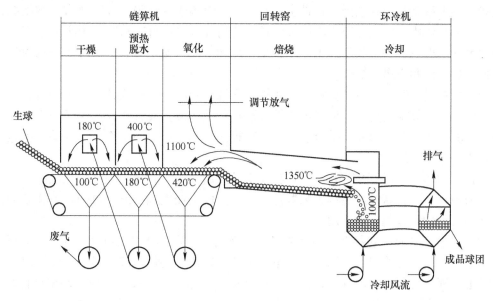

图 9-1　链箅机—回转窑

回转窑专用于对已预热的球团进行焙烧。其主体是用钢板焊接的圆形筒体，内衬230mm 厚的耐火砖，安装倾斜度为 3%～5%。筒体由传动装置带动做回转运动，转速一般为 0.3～1.0r/min。窑头（排矿端）设有燃烧喷嘴，燃烧废气沿筒体向窑尾（进矿端）方向运动。回转窑在生球强度差、粉末多或操作不当时，窑内容易出现"结圈"现象。在生产上处理回转窑结圈的方法主要有两种：一种是在窑内安设移动的合金刮刀；另一种是用火烧法去瘤，即当出现结圈时，加入过量的燃料把渣圈烧化。前者材质不易解决，后者简便，无需特殊装备。另外，适当改变高温区，有可能消除结圈现象。

焙烧后的高温球团矿一般采用鼓风式环式冷却机冷却。国外有的厂进行球团矿的二次冷却，即在环式冷却机后还设带式冷却机。冷却后球团矿经振动筛筛分，筛上成品球进入球团矿仓，筛下为返矿。

链箅机主要由以下设备组成：

（1）传动装置。其形式为双侧传动，主要由电动机、悬挂减速装置和稀油润滑系统等组成。其驱动方式为：电动机—悬挂减速装置—链箅机头部主轴装置。

为适应链箅机生产能力和原料状况的变化，设计中选用了变频用电动机进行变频调速，使链箅机运行装置的运行速度在一定范围内实现无级调速。

（2）运行部分。它是链箅机的核心，它是由驱动链轮装置、从动链轮装置、侧密封、上托辊、下托辊、链箅装置及拉紧装置等组成。

驱动链轮装置安装在链箅机头部，链轮轴上装有 6 个等间距的链轮。轴承采用滚动轴承，该轴承座设计成水冷式，同时侧板采用耐热内衬隔热，并在侧板与轴承座间装有隔热水箱，从而避免主轴轴承过热。主轴为中间固定，两端可自由伸长，轴心部采用通水冷却措施。

侧密封包括静密封和动密封。静密封固定在链箅机的骨架上，动密封由链箅装置的侧板所形成。该侧板置于上滑道的上方，与滑道形成一个滑动密封。因侧板孔为长孔，所以侧板能上、下移动，以补偿因磨损带来的间隙。同时静密封每隔一段距离有一观察孔，该观察孔有两个作用，一是可以观察链箅装置运行情况，二是可以清除滑道上的落料。侧密封用两种材质做成，一种是耐热钢，用于预热段和抽风干燥二段；另一种为普通材质，用于抽风干燥一段和鼓风干燥段。

链箅装置是以牵引链节、箅板、两侧板、小轴、定距管等组成的多节辊子链，呈带状做循环运动。在箅板运行中，使料球干燥及预热。整个链箅装置是在高温环境下工作，又承受巨大的工作载荷。因此，链节、小轴、箅板能否承受恶劣的工作环境是关系到整台链箅机能否正常工作的关键。

上托辊的作用是对箅板及其上的物料起支承作用，保证其运行顺利。在上托辊链轮的布置上采用人字形，从而避免链箅装置跑偏。高温段上托辊轴为通水冷却。下托辊的作用是对回程道上的箅板起支承作用。

（3）铲料板装置。包括铲料板及支承、链条装置、重锤装置及拉紧装置。铲料板的主要作用是将箅板上的物料送入回转窑。重锤装置可以使铲料板做起伏运动，既可以躲避嵌在箅板上的碎球对铲料板的顶啃，又可防止铲料板漏球，铲料板与箅板之间的间隙为 2 ~ 3mm。对可能出现的散料，由头部灰斗收集并排出。因该处为链箅机的高温区域，铲料板采用了高温下耐磨损的耐磨合金钢，即具有高 Cr、Ni 含量并配以适量稀土元素的奥氏体耐热钢，其具有耐热不起皮的特点，高温强度与韧性都相当高。同时，铲料板支承梁采用通水冷却，以提高其使用寿命。链条装置对箅板起导向作用，采用耐热合金钢制作，链条装置能根据箅板的实际运行情况进行调整（通过拉紧装置调整），保证箅板在卸料后缓慢倾翻，减少对箅板和小轴的冲击。

（4）风箱装置。由头、尾部密封，抽风干燥工段和鼓风干燥段密封及风箱所组成。预热段有 5 个风箱，抽风干燥二段有 3 个风箱，抽风干燥一段有 2 个风箱，鼓风干燥段有 2 个风箱，风箱内部衬以耐火砖。

（5）骨架装置。采用装配焊接式，便于运输和调整，尾部 2 个骨架立柱和头部 2 个骨架立柱均为固定柱，其余柱脚均为活动柱，以适应热胀冷缩。

（6）灰斗装置。其作用是收集散料。收集的散料通过灰箱出口落入工艺运输带上并被带走。

（7）润滑系统。为电动干油集中润滑，主要对链箅机轴承进行定时、定量供脂。链箅机润滑系统分为头部电动干油集中润滑系统和尾部电动干油集中润滑系统。

回转窑主要由窑体、窑头及窑尾密封装置、传动装置、托轮支承装置（包括挡轮部分）、滑环装置等组成。筒体由两组托轮支承，靠一套大齿轮及悬挂在其上的柔性传动装置、液压电动机驱动筒体旋转；在窑的进料端和排料端分别设有特殊的密封装置，防止漏风、漏料。另外，在进出料端的筒体外部，用冷风冷却，以防止烧坏筒体、缩口圈和密封鳞片。

（1）窑头、窑尾密封装置。窑尾密封装置由窑尾罩、进料溜槽及鳞片密封装置组成，主要是用于连接链箅机头部与回转窑筒体尾部，组成链箅机与回转窑的料流通道。窑头密封装置由窑头箱及鳞片密封装置组成，主要用于联系回转窑头部与环冷机给料斗，由回转窑筒体来的焙烧球团矿进入窑头箱后通过其下方的固定筛，由给料斗给到环冷机台车上进行冷却。

头、尾密封的形式采用鳞片式密封，其主要结构特点为：通过固定在头、尾部灰斗上的金属鳞片与旋转筒体上摩擦环的接触实现窑头及窑尾的密封。其中鳞片分底层鳞片、面层鳞片及中间隔热片。底层鳞片由于与筒体摩擦环直接接触，要求其能有较好的耐温性能及耐磨性能，并具有一定的弹性。面层鳞片主要用于压住底层鳞片，使其能与筒体摩擦环紧密接触而达到密封效果，它必须具有良好的弹性，并能耐一定的温度。中间隔热片是装在底层鳞片与面层鳞片之间的，主要是起隔热作用，要求其能耐高温，并有良好的隔热性能及柔软性能。另外，筒体摩擦环与鳞片始终处于相对运动状态，因此它必须能耐高温，而且还必须具有耐磨特性。鳞片密封的特点是结构简单、安装方便、质量轻，且成本相对较低。

（2）筒体。由不同厚度的钢板焊接而成。筒体支承点的滚圈是嵌套在筒体上的，并用挡铁固定在筒体上。

（3）支承装置。回转窑有两个支承点，从排料端到进料端分别标为 1 号和 2 号，其中 2 号靠近传动装置，在安装时定为基准点。每组支承点均由嵌在筒体上的滚圈支承在两个托轮上，它支承筒体的重量并防止筒体变形。托轮轴承采用滚动轴承，轴承由通向轴承座内的冷却水来冷却。筒体安装倾斜角度为 2.5°~3.0°。由推力挡轮来实现窜窑时筒体的纵向移动。推力挡轮是圆台形，内装有 4 个滚动轴承。1 号和 2 号支承装置附设液压系统，用于自动控制窜窑，以实现滚圈与托轮的均匀磨损。

（4）传动装置。回转窑传动方式有电动机—减速机传动方式和柔性传动方式。柔性传动装置提供回转窑的旋转动力，它通过装在大齿轮上的连杆与筒体连接而使筒体转动。主要由动力站、液压电动机及悬挂减速机等组成。液压电动机压杆与扭力臂连接处采用关节轴承，压杆座采用活动铰接，以补偿因热胀（或窜窑）引起的液压电动机与基础之间的各向位移。传动部分的开式齿轮副及悬挂减速机中的齿轮副采用干油通过带油轮带油进行润滑；悬挂装置轴承则由电动干油系统自动供脂润滑。

（5）热电偶滑环装置。用于将热电偶的测温信号送到主控仪表室进行监控，以作为温度控制的重要依据。在筒体的中部设一个测温点，热电偶滑环装置带有两根滑环，其中一根备用。

回转窑是一个尾部（给料端）高，头部（排料端）低的倾斜筒体。球团在窑内滚动滑落的同时，又从窑尾向窑头不停地滚动落下，最后经窑尾排出，也就是说球在窑内的焙烧过程是一个机械运动、理化反应与热工的综合过程。在这一点上回转窑焙烧球团比竖炉、带式机焙烧球团都显得复杂。

9.2 操 作

9.2.1 职责

9.2.1.1 链箅机

（1）密切配合窑头操作工工作，认真负责链箅机各段风箱、烟罩温度的控制，及根据温度进行料量和机速的调整严格按照操作规程，不违章操作，并及时清理大辊筛中的积料和分料器的调整，冷却部位、润滑部位的检查，所属设备的监护、清理、操作等。

（2）设备监护，使用范围：链箅机主机操作，电气设施、仪表盘、风箱阀的开度、冷却水量的大小温度高低、大辊筛辊体和传动电动机。

（3）操作平台，链箅机的主体平台及皮带周围卫生及大辊筛周围设备定期清理工作。

（4）交代工艺操作情况，设备运行情况及有无存在问题处理意见等。

9.2.1.2　回转窑

（1）负责与焦炉煤气使用前的联系，点火前的工作准备，窑内按规定升温曲线，升温范围控制，回转窑、单冷机的运转速度的调整，窜窑工作的执行，出球排料工作的执行，助燃风机、窑头尾落地风机、风量的控制，冷却部位水量供应及窑头煤气操作部位的各阀门的使用及各部位设备的监护、操作等工作。

（2）回转窑周围、窑头周围、单冷机周围的地面卫生及定期对所属设备卫生的清理。

（3）交代操作情况，窑内气氛的状况，温度控制的范围，单冷机运行情况，及各设备监护状态等。

9.2.2　链箅机操作程序与要求

9.2.2.1　链箅机各段温度的调节

链箅机借助回转窑的热废气，通过内部循环，完成生球的脱水干燥、预热和氧化，温度梯度明显，其中鼓风干燥段风箱温度为 200～250℃，鼓风干燥段由于生球抗压强度差，温度不宜过高，烟罩温度不得超过 90℃，以免造成底层生球破裂，影响整个料层的透气性。抽干一段烟罩温度为 300～400℃，抽干二段烟罩温度为 500～650℃，系统脱水的主要过程发生在抽干段（80%以上），要求的风速在 1.5m/s 以上。预热段烟罩温度为 900～1000℃，风箱温度为 450～550℃。在整个干燥预热过程中，除要求生球必须达到一定的抗压强度（>300N/个）和抗磨性能之外，干球氧化 60%以上发生在预热段，因此该段的温度必须保证在 950℃以上。

操作过程中，起步时机速控制在 0.6～1.0m/min，待温度逐步达到要求后，根据布料情况调整机速。布料前应先启动所有风机，打通风流系统，确保各段温度。如发现整体温度偏低，则应该减少布料量和料厚、加大回转窑喷煤量或煤气流量、降低链箅机转速、减小工艺抽风机风量、增加工艺鼓风机风量，待温度达到工艺要求后，逐步调整以上参数，稳定操作；整体温度偏高则按反方向操作。

链箅机各段的温度调整主要通过调整风速和风量，风量大，风速快，则升温，同时应注意系统的风量平衡。

9.2.2.2　操作要求

（1）负责链箅机布料操作和生球的干燥、预热，将合格干球输送入窑。要求干球抗压强度不小于 500N/个，亚铁含量不大于 8%。

（2）随时检查料层厚度，按规定要求执行。

（3）链算机布料要均匀，严禁断料、露算板和堆料拉沟，要求不亏料、无粉料、铺匀、铺满、发现亏料及时通知主控补足。

（4）观察生球强度、光洁度、粒度、干球预热情况和机内气氛等情况，并及时反馈。

（5）及时清理辊筛下积料、筛辊上的粘料及杂物、宽皮带下积料。

（6）做到细心工作，保证正常生产。

9.2.2.3　链算机设备使用维护

A　检查路线

（1）链算机：链算机主传动电动机→减速机→减速机柔性支承→主轴轴承→放散烟筒→铲料板→铲料板水梁→上托轴及轴承座→上托轴及主轴冷却水系统→密封侧板→滑轨→罩门→尾轴及轴承座→重锤张紧装置→风箱→下托轮及轴承座→算床→挡轮→头部改向轮→铲料板导向及调整装置。

（2）宽皮带：电动机→联轴器→减速机→尾滚筒→轴承→增面轮→机架→上厂托辊→皮带→主滚筒→导料板→清扫器→拉紧装置→漏斗→防护罩。

（3）辊式布料机：操作箱→驱动装置→联轴器→轴承→辊→漏斗→振动器。

（4）斗提机：操作箱→电动机→减速机→轴承→链轮→链斗。

B　注意事项

（1）检查设备周围有无障碍物，安全装置是否齐全可靠；检查料层控制板是否良好，位置是否歪斜。

（2）设备各部螺丝是否紧固、有无异常声响。检查算床运行是否平衡，有无跑偏，链节、侧板、算板是否完好，算板有无上翘；换算板时，如温度过高严禁浇水降温。

（3）转动（传动）部位的润滑情况是否符合要求。

（4）主轴、上托轴、隔墙、支承水梁是否畅通，有无漏水现象，水温应低于35℃。

（5）铲料板、算床链节的使用情况，控制返料量。

（6）使用斗提前先空负荷运转一段时间，待运转正常后再加料，加料要保持均匀，不得突然大量加料。斗提机的链斗变形、脱落，开口销磨损或脱落及链条、链斗磨损严重时，应及时修复或更换。

（7）如无特殊情况，斗提机不得带负荷停车，需停车时，应先停止加料并将斗提内的物料全部倒空后方可停车。

9.2.3　链算机常见事故及其处理

链算机常见的事故及处理主要有：

（1）断链节。其原因是链节受力不均，应及时通知主控及时进行修理。

（2）缺算板。其原因是固定卡块掉，及时补充算板并紧固好卡块，必要时焊牢。

（3）铲料板顶起，机头漏料量增加。应及时用压缩空气吹净铲料板下部积料并从上部捅铲料板强制其复位。

（4）链算机内出现大量粉末。其原因可能有以下几种：

1）成球效率低，筛分难以控制，大量粉末参与布料，生球强度低，经倒运后破裂，在链箅机内即形成粉末结块。

　　2）布料不均，忽高忽低，风机出现偏抽，料层较厚部位热气流通过少，下部球进入预热段未干燥好，破裂后造成粉化。

　　3）布料过厚，干燥不完全，生球在预热段产生粉化。

　　4）链箅机温度控制不合理，如抽干段温度过低、环冷二段回风温度偏低，生球未干燥完全即进入预热段。

　　5）预热段温度低，干球固结不好，强度低，进入回转窑，在运转过程中破碎。

　　6）停机后由于热量传递未达平衡，而恢复生产速度过快，生球未经充分干燥预热即进入回转窑。

9.2.4　回转窑操作程序与要求

9.2.4.1　回转窑焙烧气氛的调节

　　焙烧气氛是指焙烧气体介质中含氧的多少。通常按下述标准划分：
　　（1）氧含量大于8%为强氧化气氛。
　　（2）氧含量4%～8%为正常氧化气氛。
　　（3）氧含量1.5%～4%为弱氧化气氛。
　　（4）氧含量1%～1.5%中性气氛。
　　（5）氧含量小于1%为还原性气氛。
　　气氛性质不仅影响球团矿的矿物成分及其结构，还影响球团焙烧过程中的脱硫程度。
　　一般来说，赤铁矿球团在氧化性和中性气氛中焙烧都可以获得较好的焙烧效果，但应避免在还原性气氛中焙烧。对磁铁矿球团来说情况则复杂得多，焙烧气氛影响大得多。对磁铁矿来说只有在氧化气氛下焙烧，才能获得结构均匀的高强度球团矿。这是因为只有在氧化气氛中，磁铁矿才有可能顺利地氧化成 Fe_2O_3，获得以 Fe_2O_3 再结晶为主的固结形式。当生产熔剂性球团时，也只有在氧化性气氛下才能获得 CaO、Fe_2O_3 液相固结。在中性和还原性气氛中焙烧时，则主要生成以磁铁矿再结晶固结及硅酸铁与铁钙硅酸盐等液相固结，这些矿物还原性差，强度不高。因此，避免在中性和还原性气氛中焙烧。

9.2.4.2　回转窑开停机操作

　　回转窑的开停机操作：
　　（1）联锁运转：
　　1）开启窑头、窑尾冷却风机。
　　2）确认下游设备已开机。
　　3）确认液压动力站已正常运转。
　　4）将各设备机侧选择开关置"自动"位置，通知主控室开机。
　　5）主控启动后，确认系统各设备运转正常。
　　（2）停止运转。由主控停止（无紧急情况窑不能停车）。
　　（3）机侧运转：
　　1）将各设备机侧选择开关置"手动"位置。

2）开启窑头、窑尾冷却风机。

3）开启润滑系统电动机。

4）通知主控室，待主控确认后，机旁设置转速为零，然后启动主液压泵电动机，待其运转正常后设定所需的转速。回转窑运转正常后向主控汇报。

5）再次确认润滑、风冷、水冷系统是否正常。

（4）机侧停止：

1）与主控联系。

2）进 PEC 动力站按"停止"按钮。

3）设备停止后向主控汇报。

（5）机侧紧急停机。当发生重大人身、设备事故时，按下机侧紧急停止开关；事故解决后将紧急开关复位。

（6）机侧慢动。按正常开机程序检查好设备后，通知主控，然后启动液压站的慢动电动机。

（7）长时间检修时停窑操作。排空球团后，切换到慢动驱动装置上，严格按照降温曲线进行降温操作，保持窑内温度，缓慢而均匀地冷却。当窑内温度小于100℃时，可以停止运转。

9.2.4.3　操作要求及方法

A　生产技术操作方法

（1）从窑头观察焙烧情况、窑内气氛、粉末和结圈情况，并及时向主控反馈。

（2）发现固定筛口有大块时要及时清除，保证下料通畅。

B　回转窑点火及升温

（1）点火升温前需进行以下检查准备：

1）清除窑内及溜槽内的杂物。

2）检查回转窑润滑系统、传动系统、液压系统、风、煤气、水系统及窑位是否正常，并检查热电偶装置是否正常。

3）开启各结构冷却风机和水冷系统阀门，并检查确认。

4）开启助燃风机。

5）点火前按照煤气操作的有关规定做爆发试验，试验成功后方可进行点火，点火前无关人员离开现场。

（2）回转窑点火及升温。点火前确认主抽风机已开机，然后按煤气安全操作规程做好煤气爆发试验，爆发实验成功后，用手持式煤气检测器从窑头观察孔处检测窑内煤气是否超标，确认可以点火后，点燃点火棒，适当调小助燃风量，然后将点火棒从窑头观察孔处伸入窑内，并将点火棒弯头朝上，火焰置于主烧嘴前方10cm处，然后缓慢开启主烧嘴中心辅助烧嘴阀门，点燃后观察煤气燃烧情况，正常后再开启主烧嘴煤气阀门，控制煤气给入量和助燃风量，观察煤气燃烧正常后，确认点火成功。当窑内温度达到300℃时，让窑缓慢升温，并缓慢转窑，如此逐渐升温并逐渐增加回转窑的转速直至正常运转，升温应严格按每次给定的升温曲线缓慢而均匀地进行。

（3）回转窑保温操作。各种故障停窑及保温操作时，按照主控指令执行，在此期间，窑头、窑尾冷却风机及冷却系统不能停机。

三大主机系统短时间停机时只保留主烧嘴中心辅助烧嘴的明火。

（4）停电。如果回转窑正常工作过程中发生停电现象，液压系统的压力也会随之减小时，与"紧急事故停车"同样的现象会出现。

（5）重新砌窑。需要重新砌窑或者对回转窑进行维修时，可以使用主动力站，也可以使用辅助动力站来驱动回转窑。此时应该使用机旁操作模式来控制回转窑的运转。赫格隆的柔性控制系统可以控制回转窑停在任一需要的位置。

注意：当进行砌窑或维修回转窑时，安全问题必须引起高度的重视。在进入回转窑之前，必须确保回转窑处于停止状态，并且机械锁紧装置已经被使用。在回转窑运转期间，不允许任何人员进入回转窑。

C　生产操作事故预防及处理

（1）意外停窑时，立即挂上辅机转窑并关闭混合煤气烧嘴阀门，严禁向窑内通煤气。

（2）出现严重机械故障需紧急停窑时，应立即按下事故开关。

（3）发生红窑时，立即向主控室汇报并详细记录红窑地点、面积，开始红窑时间及红窑发展情况。

（4）回转窑 PEC 动力站主电动机有一台发生故障时，立即关闭电动机两端的液压油阀门，并通知主控。

（5）煤气点不着火时，应立即切断阀门，查明原因后再行点火。

（6）任何情况下停窑时，都要把清理窑头固定筛上的积料、积灰作为一项重要内容。

9.2.4.4　回转窑设备使用维护

A　检查路线

煤气烧嘴→窑头密封装置→密封罩内水冷筛及窑头卡口铁→进出口冷却水管→窑头密封装置→托圈和垫铁及托轮装置→大齿圈→小开齿→挡轮→窑位检测系统→窑尾密封装置→窑尾溜槽及卡口铁→窑尾散料漏槽→窑体及窑位→液压管路→干油润滑系统→主传动液压站→挡轮液压站→干油集中润滑站。

窑头窑尾冷却风机：电动机→轴承座→风机壳及转子。

B　检查内容

（1）检查托圈及托轮装置是否平衡。

（2）设备密封是否完好。

（3）设备连接部位介质是否齐全、完好、紧固。

（4）液压传动系统是否正常，油路是否畅通、有无滴漏现象。

（5）各设备润滑系统是否正常。

（6）检查电器和安全设施是否齐全、完好、安全。

（7）煤气和冷却水的情况。

（8）窑位是否正常。

（9）窑内耐火材料是否正常、完好。

（10）窑头尾密封装置（摩擦板、裙片、密封罩、卡口铁）无开焊、无脱落、无变形、无磨损变形、密封良好。

（11）检查大齿圈是否有裂纹、连接螺丝是否有松动。

9.2.5　回转窑常见事故及处理

（1）发生红窑。应立即向主控室汇报并详细记录红窑地点和面积、开始红窑时间及红窑发展情况。

（2）煤气点不着火。应立即切断阀门，查明原因后再行点火。

（3）突发停电事故。则煤气系统的安全处理方法为：立即关闭煤气主管道盲板阀；打开放散阀，并通蒸汽置换煤气；确认现场无明火，严禁动火；远离煤气区域并禁止在下风口停留。

（4）回转窑结圈。结圈是回转窑生产中常见的故障，多出现在高温带。

为了使窑内耐火材料不过早地被烧坏，以延长其使用寿命，除了精心操作、稳定生产过程以外，最有效的还需要在衬料表面形成一层保护层即窑皮。窑皮有以下作用：

1）可以防止衬料直接接触焙烧高温，当窑温为1448℃时，衬料皮层温度为746℃。

2）减少窑体热量损失。

3）可以保护衬料不受球团的摩擦和化学反应的侵蚀。

窑皮是一层黏附在窑壁上的由液相或半液相转变为的固体熟料和粉料颗粒。形成窑皮的条件是必要的温度水平和一定量的低熔点物质。实践证明，生成合适的窑皮适宜液相量为24%左右。保护窑皮一般应注意以下几个方面：

1）稳定合理的焙烧制度。

2）正确地控制火焰方向，使火焰不直接接触材料。

3）防止窑皮过热、结圈、结大块等。

综上所述，窑皮有一定的好处，但若在焙烧带结圈就会造成窑的断面减少，增加气体及物料运动的阻力。严重时结圈会像遮热板一样，使得燃料的燃烧热量不能顺利地辐射到冷端致使燃烧带温度进一步提高，形成恶性循环，其结构是结圈越来越严重，焙烧带的球团因此而形成大块。

回转窑结圈的主要原因是高温带出现的液相量过多。从这个意义上讲，生产自熔性、高碱度球团矿易结圈，生产酸性球团矿不易结圈，因为前者焙烧时液相量多。除了生产工艺条件外，过多液相量的产生常常与热工制度的不合理和物料包括燃料灰分中的低熔点物质有关，因此减少或预防结圈的措施是：

1）严格控制热工制度。为使窑内温度过渡不要过快，高温区不宜过于集中或太短。

2）控制、避免窑内出现还原性气氛。还原性气氛使物料容易形成低熔点物质。

3）减少物料中的粉末成分。粉末是形成结圈的主要物质，减少粉末的措施是提高生球质量，减少其中的粉末和提高预热球的强度。

4）如果使用的是固体燃料，则应选用灰分少且灰分熔点高于焙烧温度的燃料。

结圈的处理常用方法：

1）急冷法。用风或水对结圈施行骤冷，使其收缩不匀而自行脱落。

2）烧圈法。调节火焰长度和位置，利用高温火焰将结圈烧掉。

3）炮打法。国外有些厂家设有处理结圈的炮，用炮对准结圈，开炮将其打下、打碎。

4）机械振打法。以上方法可以在生产过程中进行，人工打圈法需停窑冷却后方可进行，而且劳动强度大，对衬料损害也大。

思 考 题

（1）球团焙烧工艺过程有哪五个环节？

（2）简述链箅机回转窑生产的工艺过程。

（3）叙述链箅机各段温度的调节及操作要求。

（4）链箅机常见的事故及处理办法主要有哪些？

（5）叙述回转窑内结圈的危害及产生原因，如何处理？

（6）按照生产单位的技术条件、设备条件和各种操作规程及质量要求，在现场技术人员的协助下完成球团矿生产操作。

参 考 文 献

［1］王悦祥. 烧结矿与球团矿生产 ［M］. 北京：冶金工业出版社，2006.

［2］吕晓远，韩宏亮. 烧结矿与球团矿生产实训 ［M］. 北京：冶金工业出版社，2011.

［3］范广权. 球团矿生产技术问答 ［M］. 北京：冶金工业出版社，2010.

［4］张一敏. 球团矿生产技术 ［M］. 北京：冶金工业出版社，2005.

［5］烧结矿生产铁作业指导.

［6］球团矿生产铁作业指导.